JohnPaul Azorji
Charles Igwe

Avaliação da eficácia da utilização de resíduos agrícolas (cascas de banana) e da ação

JohnPaul Azorji
Charles Igwe

Avaliação da eficácia da utilização de resíduos agrícolas (cascas de banana) e da ação

Imprint

Any brand names and product names mentioned in this book are subject to trademark, brand or patent protection and are trademarks or registered trademarks of their respective holders. The use of brand names, product names, common names, trade names, product descriptions etc. even without a particular marking in this work is in no way to be construed to mean that such names may be regarded as unrestricted in respect of trademark and brand protection legislation and could thus be used by anyone.

Cover image: www.ingimage.com

This book is a translation from the original published under ISBN 978-620-2-31688-0.

Publisher:
Sciencia Scripts
is a trademark of
Dodo Books Indian Ocean Ltd. and OmniScriptum S.R.L publishing group

120 High Road, East Finchley, London, N2 9ED, United Kingdom
Str. Armeneasca 28/1, office 1, Chisinau MD-2012, Republic of Moldova, Europe
Printed at: see last page
ISBN: 978-620-7-97615-7

Índice

RESUMO

A poluição por metais pesados tornou-se uma importante fonte de preocupação e um dos mais sérios enigmas ambientais da atualidade. A remoção de metais pesados do ambiente é uma preocupação especial devido à sua persistência. A presente experiência foi realizada para verificar a eficácia da utilização de resíduos agrícolas (cascas de banana) e de carvão ativado como bioadsorvente para a remoção de chumbo, cádmio, níquel, crómio e zinco de efluentes industriais. Foram estudados parâmetros como a dosagem percentual, o pH e a temperatura. A amostra foi recolhida do ponto de descarga de águas residuais na B-Lux Paint limited, situada em Umuokpara Umuahia North, Estado da Nigéria. Os resultados do rastreio da poluição pesada indicaram que o solo continha 1,2±1,00 de Pb 2+mg/1-1, 0,42±1,00 de Zn 2+ mg/1-1 e 0,8±1,00 de Cd 2+ mg/1.-1 Os teores de Pb2+ e Cd2+ do efluente estão acima do limite permitido pela OMS para o teor de metais pesados em efluentes industriais, mas o teor de Zn2+ do mesmo efluente estava abaixo do limite permitido. O desempenho da adsorção foi realizado utilizando o espetrofotómetro de adsorção atómica Perkin Elmer modelo 238. A percentagem de remoção do adsorvente testado (cascas de banana) variou entre 99,67% e 99,90%, o que foi superior à do carvão ativado (69,60% a 83,00%). A percentagem de remoção tanto do adsorvente testado como do controlo aumentou com o aumento da dosagem do adsorvente, do pH e da temperatura, respetivamente. Os resultados do estudo mostraram que as cascas de banana têm potencial para remover espécies catiónicas de metais pesados de efluentes industriais.

Palavras-chave: Agro-resíduos, cascas de banana, efluentes industriais, metais pesados.

CAPÍTULO 1

1.0 INTRODUÇÃO

1.1 CONTEXTO DO ESTUDO

Os metais pesados têm um impacto perigoso no ecossistema, incluindo a saúde dos seres humanos, dos animais e das plantas. Por conseguinte, a Organização Mundial de Saúde (OMS) e a Agência de Proteção do Ambiente (EPA) regulamentaram o nível máximo aceitável de descarga no ambiente, controlando assim o nível de poluição. De acordo com a Agência de Proteção do Ambiente dos EUA (EPA), a Agência para o Registo de Substâncias Tóxicas e Doenças (ATSDR) e a Organização Mundial de Saúde (OMS), as concentrações máximas aceitáveis recomendadas para o zinco, o cobre, o crómio, o chumbo, o níquel, o manganês e o ferro são de 3,0mg/L, 2,0mg/L, 0,05mg/L, 0,1mg/L, 0,02mg/L, 0,05-0,5mg/L e 0,1mg/L, respetivamente Cheampony *et al.,* (2012).

Os iões metálicos são libertados para o ambiente a partir de muitas fontes, as águas residuais, tais como as geradas durante a produção de corantes e pigmentos, filmes e fotografia, galvanometria, limpeza de metais, chapeamento e galvanoplastia de couro e mineração podem conter quantidades indesejáveis de iões de crómio (IV) Vinodhini *et al.,* (2010). O cobalto, que é amplamente utilizado em ligas (especialmente aços magnéticos e aços inoxidáveis), porcelana eletrónica e terapia com radioisótopos, é agora comummente encontrado em águas contaminadas Cou *et al.,* (2013).

O manganês é libertado para o ambiente por indústrias como as envolvidas na produção de fertilizantes, curtumes, petroquímica, galvanoplastia, processamento de metais e mineração. Abuttasan *et al.,* (2012). O mercúrio pode ser encontrado nas descargas de águas residuais das indústrias de cloro e álcalis, pasta de papel, combustíveis fósseis, refinarias de petróleo, tintas, queimadas, processos metalúrgicos, fabrico de baterias e indústrias farmacêuticas. El-Shafey (2010).

A maioria dos iões de metais pesados são considerados poluentes prioritários, devido à sua mobilidade no ecossistema aquático natural e à sua toxicidade. Demirbas (2008). O problema associado à poluição por iões metálicos é que estes não são biodegradáveis e são altamente persistentes no ambiente. Assim, podem ser acumulados nos tecidos vivos, causando várias doenças e perturbações. Wan - Ngah e Hanafiah (2000). A toxicidade dos metais pesados pode resultar em danos ou redução das funções mentais e de controlo do sistema nervoso, diminuição dos níveis de energia e danos na composição do sangue, pulmões, fígado, rins e outros órgãos vitais. Ahmaruzzaman (2011). Por conseguinte, é necessário remover os iões de metais pesados das águas contaminadas ou residuais antes de estas poderem ser descarregadas no ambiente. A este respeito, foram desenvolvidos muitos métodos físico-químicos para a remoção de iões de metais pesados de soluções aquosas, incluindo: precipitação, evaporação, eletrodeposição, permuta iónica, separação por membranas, coagulação, etc. Rao e Ikram (2011).

No entanto, estes métodos têm desvantagens como a poluição secundária, o custo elevado, o elevado consumo de energia e grandes quantidades de reagentes químicos ou a fraca eficiência de tratamento a baixas concentrações de metais. Ding *et al.,* (2012). Pode dizer-se que os métodos convencionais para a remoção de iões metálicos da água contaminada são limitados por barreiras técnicas e económicas, especialmente quando a concentração de iões de metais pesados na água é baixa (< ppm) Wilek-Knowiah *et al.,* (2011). Portanto, a busca e o desenvolvimento de processos eficientes e de baixo custo para a remoção de metais são de extrema importância.

A tendência crescente da biotecnologia resultou no surgimento da bioadsorção como uma estratégia alternativa e sustentável para o tratamento de águas contaminadas Flores-Gamica *et al.,* (2013).

A biossorção utiliza biomateriais pouco dispendiosos para sequestrar poluentes ambientais de soluções aquosas através de uma vasta gama de mecanismos físico-químicos, incluindo a permuta iónica, a quelação, a complexação, a adsorção física e a microprecipitação superficial. Os biomateriais utilizados nestes processos são designados por bioadsorventes. Flores-Ganica *et al.,* (2013).

A biossorção é um processo físico-químico, definido simplesmente como a remoção de substâncias de uma solução por material biológico. Esta é uma propriedade de organismos vivos e mortos (e dos seus componentes) e tem sido anunciada como uma biotecnologia promissora devido à sua simplicidade, operação análoga à tecnologia de permuta iónica convencional, eficiência aparente e disponibilidade de biomassa e de resíduos de bioprodutos. Kelly-Varyar *et al.,* (2012) vários resíduos de biomateriais, microrganismos, bactérias, fungos, leveduras e algas foram relatados para a remoção de iões de metais pesados de uma solução aquosa (água contaminada) Ghaedi *et al.,* 2013).

A este respeito, para além do tratamento de águas residuais contaminadas, a aplicação da biossorção oferece um meio sustentável de gestão de resíduos. Uma das principais fontes de bioadsorventes são os resíduos agrícolas.

Os resíduos agrícolas representam uma fonte potencial para a produção de biossorventes, uma vez que não têm uma utilização proeminente. A utilização de resíduos agrícolas para tratar água contaminada pode acrescentar valor aos resíduos agrícolas e, eventualmente, reduzir os problemas de gestão de resíduos agrícolas em todo o mundo Hasain *et al.*, (2012). Os agro-materiais são compostos por lenhina e celulose como constituintes principais e podem também incluir outros grupos funcionais polares de lenhina que incluem álcool, aldeídos, grupos fenólicos e éter. Hasain *et al.*, (2012). Estes grupos estão na base da química da biossorção ou da remoção de iões de metais pesados da água contaminada. Durante os últimos anos, foram publicados vários artigos de investigação que relatam a utilização bem sucedida de diferentes tipos de resíduos agrícolas na remoção de iões de metais tóxicos da água contaminada. Isto despertou o interesse deste estudo sobre a utilização de cascas de *Musa sapientum* (banana) no tratamento de águas contaminadas. Por conseguinte, o presente estudo tem por objetivo examinar a eficácia da utilização de resíduos agrícolas (cascas de banana) na remoção de metais tóxicos de efluentes industriais da empresa B-Lux paint limited.

1.2 Declaração do problema de investigação

As águas residuais e as águas residuais industriais contêm vestígios de metais pesados tóxicos que são perigosos para a saúde humana, animal e vegetal, pelo que a remoção de iões metálicos tóxicos das águas residuais e das águas residuais industriais (águas contaminadas) é de grande interesse no domínio da poluição da água, que é uma causa grave de degradação da água. É então necessário remover os iões metálicos tóxicos da água antes da descarga.

Lamentavelmente, estes iões metálicos tóxicos não são removidos das águas residuais contaminadas antes da descarga, especialmente nos países em desenvolvimento, porque os métodos utilizados na remoção dos iões metálicos, como a extração líquido-líquido, a coprecipitação, a quelação com resina, o depósito eletroquímico, a coagulação ou floculação com permutador de iões e a extração em fase sólida, são todos dispendiosos. Devido à consciencialização ambiental e às restrições legais impostas à descarga de efluentes, a necessidade de tecnologias alternativas rentáveis é essencial para a remoção de iões de metais pesados das águas residuais e das águas residuais industriais.

1.3 Objectivos do estudo

Os objectivos específicos do presente estudo são os seguintes

i. Determinar a concentração de metais pesados no efluente industrial.
ii. Determinar os efeitos da casca de banana na remoção de metais pesados do efluente industrial.

1.4 Importância do estudo

A utilização de resíduos agrícolas para tratar águas residuais e águas residuais industriais (águas contaminadas com metais tóxicos) oferece uma técnica inovadora que é simultaneamente eficiente e económica. Assim, cria-se a necessidade de converter os resíduos agrícolas em produtos úteis e de valor acrescentado. Um estudo da literatura publicada mostrou que os iões de metais pesados podem ser eficazmente removidos, utilizando materiais vegetais como cachos vazios de frutos de óleo de palma, sementes de picanha azeda, mandioca modificada, fibra de mandioca, casca de coco, etc. Mohana e Singh (2001), Okuo e Omaula (2007) Egua e Aluyor (2008).

Mais ainda, para além do tratamento de águas contaminadas, a utilização de resíduos agrícolas oferece um meio mais ecológico e sustentável de gerir os resíduos.

CAPÍTULO 2

REVISÃO DA LITERATURA

2.1 Metais pesados em efluentes industriais

A presença de poluentes inorgânicos, como os iões metálicos, no ecossistema causa um grande problema ambiental. Os compostos metálicos tóxicos que chegam à superfície da terra não só contaminam a água da terra (mares, lagos, lagoas e reservatórios), como também podem contaminar a água subterrânea em quantidades vestigiais, ao vazarem do solo após a chuva e a neve. Kilic *et al.,* (2013). Os numerosos metais que são significativamente tóxicos para os seres humanos e os ambientes ecológicos incluem o crómio (Cr), o cobre (Cu), o chumbo (Pb), o cádmio (Cd), o mercúrio (Hg), o zinco (Zn), o manganês (Mn) e o níquel (Ni), etc. Meena *et al.,* (2008).

Os iões metálicos são libertados no ambiente a partir de muitas fontes. O arsénio é introduzido na água através de fontes naturais e antropogénicas: libertação de minérios, provavelmente devido a alterações geoquímicas a longo prazo, e de vários efluentes industriais, como indústrias metalúrgicas, indústrias cerâmicas, indústrias de fabrico de corantes e pesticidas e conservantes de madeira. Sari *et al* (2011). As principais fontes de antimónio libertado para o ambiente através de fluxos de águas residuais são indústrias como baterias de chumbo, soldadura, rolamentos e equipamento de transmissão de energia, chapas e tubos metálicos, munições, retardadores de chama, cerâmica, fundição, esmaltes e tintas Igbal *et al* (2013). As águas residuais, como as geradas durante a produção de corantes e pigmentos, filmes e fotografia, galvanometria, limpeza de metais, chapeamento e galvanoplastia, couro e mineração, podem conter quantidades indesejáveis de aniões de crómio (VI) Vinodhini *et al.,* (2010). O cobalto, que é amplamente utilizado em ligas (especialmente aços magnéticos e aços inoxidáveis), eletrónica, porcelana e terapia com radioisótopos, é agora comummente encontrado em águas contaminadas. Gou *et al.,* (2013). O manganês é libertado para o ambiente por indústrias como as envolvidas na produção de fertilizantes, petroquímica, galvanoplastia, curtumes, processamento de metais e mineração. Abu Hasan *et al.,* (2012). O mercúrio pode ser encontrado em águas residuais descarregadas de fábricas de cloro e álcalis, papel e pasta de papel, refinarias de petróleo, tintas, queima de combustíveis fósseis, processos metalúrgicos, fabrico de produtos farmacêuticos e de baterias. El-Shafey (2010). Os efluentes da produção de baterias, aditivos para gasolina, pigmentos, ligas e chapas, etc., contêm frequentemente concentrações elevadas de iões de chumbo. Tunali *et al* (2012). As águas residuais da mineração e metalurgia do níquel, do aço inoxidável, das indústrias aeronáuticas, da galvanoplastia de níquel, do fabrico de pilhas e baterias, dos pigmentos e das indústrias cerâmicas contêm quantidades elevadas de iões de níquel. Aloma *et al.,* (2012). O zinco pode ser encontrado em águas residuais de processos metalúrgicos, instalações de galvanização, estabilizadores, termoplásticos, formação de pigmentos, ligas e fabrico de baterias, para além das descargas de estações de tratamento de águas residuais municipais Demirbas (2008).

Os iões metálicos são considerados poluentes prioritários, devido à sua mobilidade nos ecossistemas aquáticos naturais e à sua toxicidade. Demirbas (2008). O problema associado à poluição por iões metálicos é que estes não são biodegradáveis e são altamente persistentes no ambiente. Assim, podem ser acumulados nos tecidos vivos, causando várias doenças e perturbações. Wan Ngah e Hanafiah (2008). A toxicidade dos metais pesados pode resultar em danos ou redução da função mental e do sistema nervoso central, diminuição dos níveis de energia e danos na composição do sangue, nos pulmões, nos rins, no fígado e noutros órgãos vitais. Ahmaruzzaman (2011). Os potenciais perigos para a saúde de alguns iões metálicos, conforme indicado pela EPA (2013), estão resumidos na Tabela 1.

Em muitos países, foram introduzidas legislações mais rigorosas para controlar a poluição da água. Vários organismos reguladores estabeleceram os limites máximos prescritos para a descarga de metais pesados tóxicos nos sistemas aquáticos. Ahmaruzzaman (2011).

Os limites admissíveis para a descarga de efluentes industriais estabelecidos pela organização mundial de saúde OMS (2013) são 5-15 (Zn), 0,05- 1,5 (Cu), 0,1 (Cd), 0,1 (Pb), 0,1-1 (Fe) e 0,05-0,5 (Mn).

Por conseguinte, é necessário remover os iões metálicos das águas residuais antes de estas poderem ser descarregadas. A este respeito, foram desenvolvidos muitos métodos físico-químicos para a remoção de iões metálicos de soluções aquosas, incluindo a precipitação, a evaporação, a eletrodeposição, a permuta iónica, a separação por membranas, a coagulação, etc., Rao e Ikaram (2011). No entanto, estes métodos têm desvantagens como a poluição secundária, o custo elevado, o elevado consumo de energia e grandes quantidades de reagentes químicos ou a fraca eficiência do tratamento a baixas concentrações de metais. Pode-se dizer que os métodos convencionais para a remoção de iões metálicos de águas residuais são limitados por barreiras técnicas e económicas, especialmente quando a concentração de metais nas águas residuais é baixa (<100 ppm). Witek-Krowiak (2011). Portanto, a busca e o desenvolvimento de processos eficientes e de baixo custo para a remoção de metais é de extrema importância. Neste esforço, a biossorção surgiu como uma estratégia alternativa e sustentável para a limpeza da água. Flores *et al* (2013).

A biossorção utiliza biomateriais pouco dispendiosos para sequestrar poluentes ambientais de soluções aquosas através de uma vasta gama de mecanismos físico-químicos, incluindo a troca iónica, a quelação, a complexação, a adsorção física e a microprecipitação superficial. Os biomateriais utilizados neste processo são designados por biossorventes.
Flores *et al.,* (2013).

Tabela 2.1. Lista de alguns iões metálicos e os seus perigos para a saúde. EPA (2013)

Contaminant	Potential Health Effects from Long-Term Exposure Above the maximum contamination level
Antimony	Increase in blood cholesterol; decrease in blood sugar
Arsenic	Skin damage or problems with circulatory systems, and may have increased risk of getting cancer
Barium	Increase in blood pressure
Beryllium	Intestinal lesions
Cadmium	Kidney damage
Chromium (total)	Allergic dermatitis
Copper	Short term exposure: Gastrointestinal distress Long term exposure: Liver or kidney Damage
Lead	Infants and children: Delays in physical or mental development; children could show slight deficits in attention span and learning abilities Adults: Kidney problems; high blood Pressure
Mercury (inorganic)	Kidney damage
Selenium	Hair or fingernail loss; numbness in fingers or toes; circulatory problems

A biossorção é um processo físico-químico, definido simplesmente como a remoção de substâncias de uma solução por material biológico. Esta é uma propriedade tanto de organismos vivos como mortos (e seus componentes), e tem sido anunciada como uma biotecnologia promissora devido à sua simplicidade, operação análoga à tecnologia convencional de troca iónica, eficiência aparente e disponibilidade de biomassa e resíduos de bioprodutos. Vários resíduos de biomateriais, microrganismos, bactérias, fungos, leveduras e algas foram relatados para a remoção de iões metálicos de soluções aquosas Ghaedi *et al.,* (2013).

2.2 . Biossorventes de resíduos agrícolas

Os resíduos agrícolas representam uma fonte potencial para a produção de biossorventes, uma vez que não têm uma utilização proeminente Hossain *et al* (2012). A produção de biossorventes pode ser um valor acrescentado para os resíduos agrícolas e, eventualmente, reduzir os problemas de gestão de resíduos agrícolas em todo o mundo Hossain *et al* (2012)

Os materiais agrícolas são geralmente compostos por lenhina e celulose como constituintes principais e podem também incluir outros grupos funcionais polares da lenhina, que incluem álcoois, aldeídos, cetonas, grupos carboxílicos, fenólicos e éteres Hossain *et al* (2012). Estes grupos têm a capacidade, em certa medida, de ligar metais pesados através da doação de um par de electrões destes grupos para formar complexos com os iões metálicos em solução Demirbas (2008). Durante os últimos anos, foram publicados vários artigos de investigação que relatam a utilização bem sucedida de diferentes tipos de resíduos agrícolas na remoção de iões metálicos de soluções aquosas. Munagapati *et al.* (2010) relataram a utilização de pó de casca de *Acacia leucocephala* como um biossorvente eficaz, de baixo custo e amigo do ambiente para a remoção de iões Cu(II), Cd(II) e Pb(II) de uma solução aquosa com capacidades de sorção de 147,1, 167,7 e 185,2 mg/g; respetivamente. *A* casca de *Moringa oleifera* (MOB), um subproduto de resíduos sólidos agrícolas, foi desenvolvida como um biossorvente eficaz e eficiente para a remoção de Ni (II) de soluções aquosas com uma capacidade máxima de biossorção de 30,38 mg/g Reddy *et al.,* (2011). A biomassa de resíduos de cortiça provou ser um biomaterial eficiente e útil para a remoção de Cd(II) e Pb(II) de soluções aquosas Lopez-mesas (2011). A absorção máxima de iões Cu (II) e Cr (III) por cascas de amendoim foi de 25,39 mg/g e 27,86 mg/g, respetivamente Witek-Krowiak (2011).

A palha de arroz demonstrou ter um elevado potencial de remoção de Cd(II) de efluentes em grande escala contaminados por metais pesados com uma capacidade de biossorção de 13,9 mg/g Ding *et al* (2012).

Aloma *et al.* Aloma *et al* (2012) sugeriram que os resíduos de bagaço de cana-de-açúcar podem ser utilizados de forma benéfica para a remoção de níquel de uma solução aquosa com uma capacidade máxima de sorção de 2 mg/g. As cascas de girassol foram utilizadas para a biossorção de iões de metais pesados Cu (II) a partir de soluções aquosas Witek-Krowiak (2012) e apresentaram uma capacidade máxima de sorção de 57,14 mg/g. (2012) para remover cobre (II) da água como biossorvente e as capacidades máximas de adsorção e dessorção foram 58,34 e 319,03 mg/g, respetivamente.

Martins *et al.*, (2013) relataram que o pó de folhas de mamona pode ser aplicado imediatamente para remover Cd (II) e Pb (II) da água contaminada com capacidades de adsorção de 0,340 e 0,327 mol / g, respetivamente. A casca de óleo de palma gasta não modificada, um resíduo da indústria de óleo de palma, foi eficazmente aplicada como um potencial meio de leito filtrante para aplicação em zonas húmidas construídas e as suas capacidades de adsorção em monocamada para iões Cu (II) e Pb (II) foram de 1,756 e 3,390 mg/g, respetivamente. Chony (2013). O antimónio (III) foi removido utilizando casca de feijão verde (GBH) como adsorvente. A capacidade de adsorção em equilíbrio da GBH foi de 20,14 mg/g Iqbal *et al.*, (2013). A utilização potencial das folhas de *Ficus carcia* para a remoção de iões cádmio (II) e chumbo (II) de soluções aquosas foi investigada e a capacidade máxima de biossorção em monocamada foi de 30,31 mg de Cd(II)/g de e 34,36 mg de Pb(II)/g Farhan *et al.*, (2013). A biossorção de cobre(II), zinco(II), cádmio(II) e chumbo(II) de soluções aquosas por biomassa morta de *Avena fatua* e o efeito destes metais no crescimento desta aveia selvagem foram investigados. Os valores máximos para a adsorção de cobre, zinco, cádmio e chumbo por *A. fatua* foram determinados como sendo 0,27, 0,25, 0,73 e 0,84 molg^{-1} , respetivamente. Areco *et al.*, (2013). Recentemente, foi relatado que os resíduos de frutas têm uma capacidade de absorção relativamente boa para a remoção de iões metálicos. As cascas de fruta que são tipicamente geradas em grandes quantidades pela indústria de sumos de fruta têm recebido pouca atenção científica, apesar da sua elevada quantidade de pectina, que contém grupos carboxilato Torab-Mostaedi *et al.*, (2013). A biossorção de chumbo, cobre e cádmio utilizando diferentes resíduos de frutos do córtex, incluindo casca de banana (*Musa paradisiaca*), limão (*Citrus limonum*) e laranja (*Citrus sinensis*) foi avaliada Kelly-Vagas (2012). Os autores desse estudo verificaram que a casca de plátano era capaz de adsorver cerca de 65 mg de Pb e Cd por grama, mas apenas 36 mg de Cu por grama. Para as cascas de limão e laranja, a melhor taxa de retenção foi para Pb (77,6 e 76,8 mg/g), depois Cu (70,4 e 67,2 mg/g) e, finalmente, Cd (12 e 28,8 mg/g). A capacidade máxima de biossorção para a adsorção de iões de chumbo (II) nas cascas de *Punica granatum* L. (*P. granatum* L.) foi de 193,9 mg/g Ay *et al.*, (2012).

Bayo (2012) demonstrou a eficácia da biomassa de toranja nativa (NGB), um subproduto da indústria alimentar, para adsorver iões Cd (II) de uma solução aquosa e

tratar efluentes urbanos na presença de iões Pb (II), Cu (II) e Ni (II). Foi estudada a viabilidade da adsorção de urânio (VI) a partir de uma solução aquosa e a casca apresentou uma elevada capacidade de adsorção de U (VI) 270,71 mg/g Liq *et al.,* (2012). Foi realizado um estudo de viabilidade sobre a biomassa da folha de amêndoa indiana (folha de *Terminalia catappa*) para remover iões de paládio (Pd (II)) e platina (Pt (IV)) de uma solução aquosa por biossorção. A capacidade máxima de biossorção da biomassa de *T. catappa* L. para iões Pd(II) e Pt(IV) foi de 41,86 e 22,50, respetivamente
Ramakum *et al.,* (2012). Torab-Mostaedi *et al.,*(2013) comunicaram capacidades de adsorção de 42,09 e 46,13 mg/g para a biossorção de cádmio e níquel, respetivamente, a partir de uma solução aquosa em casca de toranja, utilizando a técnica de lote.

Os últimos artigos de investigação publicados que relatam a utilização de biossorventes agrícolas para a remoção de iões metálicos de soluções aquosas incluem a utilização de: cascas de trigo sarraceno para a remoção de iões Hg(II) Xu (2013); bagaço de *Morus alba* L. para a remoção de Cd(II) (Qmax=21,69 mg/g). Serencam *et al* (2013); pó de manga para remoção de Cr(VI) (Qmax=250,23 mg/g) Saha e Saha (2013); jacinto de água para remoção de Cu(II) e Zn(II) (Qmax= 0,49 e 2,66 mg/g, respetivamente) Ga 2013 ndluimathi *et al,* (2013); café moído usado para a remoção de Cu(II) (Qmax= 0,214mmol/g) Davila-Guzman (2013); casca de *Lathyrus sativus* para a remoção de Cr(III) e Cr(VI) (Qmax= 24,6 e 44.5 mg/g, respetivamente) Chakravarty *et al* (2013); pó de casca de Mosambi (*Citrus limetta*) para remoção de Cr(VI) (Qmax= 250 mg/g Saha *et al* (2013); casca de pinhão para remoção de Cu(II) (Qmax= 4,29 mg/g) Calero *et al* (2013).

Escolha do metal para o processo de biossorção:

A seleção adequada dos metais para os estudos de biossorção depende do ângulo de interesse e do impacto dos diferentes metais, com base nos quais estes seriam divididos em quatro categorias principais: (i) metais pesados tóxicos (ii) metais estratégicos (iii) metais preciosos e (iv) nuclídeos de rádio. Em termos de ameaças ambientais, são principalmente as categorias (i) e (iv) que são de interesse para a remoção do ambiente e/ou de descargas de efluentes de fontes pontuais.

Para além dos critérios toxicológicos, o interesse em metais específicos pode também basear-se na representatividade do seu comportamento em termos de eventual generalização dos resultados do estudo da sua absorção por biossorventes. A toxicidade e a interessante química da solução de elementos como o crómio, o arsénio e o selénio tornam-nos interessantes para estudo.

Os metais estratégicos e preciosos, embora não sejam ameaçadores para o ambiente, são importantes do ponto de vista da sua recuperação.

Mecanismos de biossorção: A estrutura complexa dos microrganismos implica que existem muitas formas de o metal ser absorvido pela célula microbiana. Os mecanismos de biossorção são vários e não são totalmente compreendidos. Podem ser classificados de acordo com vários critérios. De acordo com a dependência do metabolismo da célula, os mecanismos de biossorção podem ser divididos em:

1. Dependente do metabolismo e 2. Não dependente do metabolismo.

De acordo com o local onde se encontra o metal removido da solução, a biossorção pode ser classificada como 1. Acumulação/precipitação extracelular

2. Precipitação por sorção na superfície celular e 3. Acumulação intracelular.

O transporte do metal através da membrana celular leva à acumulação intracelular, que depende do metabolismo da célula. Isto significa que este tipo de biossorção só pode ter lugar em células viáveis. Está frequentemente associada a um sistema de defesa ativo do microrganismo, que reage na presença do metal tóxico.

Durante a biossorção não dependente do metabolismo, a absorção do metal ocorre por interação físico-químico entre o metal e os grupos funcionais presentes na superfície da célula microbiana. Baseia-se na adsorção física, na troca iónica e na sorção química, que não depende do metabolismo das células. As paredes celulares da biomassa microbiana, compostas principalmente por polissacáridos, proteínas e lípidos, possuem grupos abundantes de ligação a metais, tais como grupos carboxilo, sulfato, fosfato e amino. Este tipo de biossorção, ou seja, não dependente do metabolismo, é relativamente rápido e pode ser reversível (Kuyucak e Volesky, 1988).

No caso da precipitação, a absorção do metal pode ocorrer tanto na solução como na superfície da célula (Ercole, *et al.* 1994). Além disso, pode depender do metabolismo da célula se, na presença de metais tóxicos, o microrganismo produzir compostos que favoreçam o processo de precipitação. A precipitação pode não depender do metabolismo das células, se ocorrer após uma interação química entre o metal e a superfície celular.

Transporte através da membrana celular: O transporte de metais pesados através das membranas celulares microbianas pode ser mediado pelo mesmo mecanismo utilizado para transportar iões metabolicamente importantes, como o potássio, o magnésio e o sódio. Os sistemas de transporte de metais podem ficar confusos com a presença de iões de metais pesados com a mesma carga e raio iónico associados a iões essenciais.

Este tipo de mecanismo não está associado à atividade metabólica. Basicamente, a biossorção por organismos vivos compreende duas etapas. Em primeiro lugar, uma ligação independente do metabolismo, em que os metais são ligados às paredes celulares e, em segundo lugar, uma absorção intracelular dependente do metabolismo, em que os iões metálicos são transportados através da membrana celular. (Costa, *et.al.*, 1990, Gadd *et.al.*, 1988, Ghourdon *et.al.*, 1990, Huang *et.al.*, 1990, Nourbaksh *et.al.*, 1994)

Adsorção física: Nesta categoria, a adsorção física tem lugar com a ajuda das forças de van der Waals. Kuyucak e Volesky, 1988, colocaram a hipótese de que a biossorção de urânio, cádmio, zinco, cobre e cobalto por biomassas mortas de algas, fungos e leveduras ocorre através de interações electrostáticas entre os iões metálicos em soluções e as paredes celulares das células microbianas. Foi demonstrado que as interações electrostáticas são responsáveis pela biossorção do cobre pela bactéria *Zoogloea ramigera* e pela alga *Chiarella vulgaris* (Aksu *et al.* 1992), pela biossorção do crómio pelos fungos *Ganoderma lucidum* e *Aspergillus niger*.

Troca de iões: As paredes celulares dos microrganismos contêm polissacáridos e os iões metálicos bivalentes trocam com os contra-iões dos polissacáridos. Por exemplo, os alginatos de algas marinhas apresentam-se como sais de K^+ ,Na^+ ,$Ca^{2+,}$ e $Mg^{2+.}$. Estes iões podem trocar com iões contrários, como Co^{2+} ,Cu2+ ,Cd^{2+} e Zn^{2+} , resultando na absorção biossortiva de metais pesados (Kuyucak e Volesky 1988). A biossorção de cobre pelos fungos *Ganoderma lucidium* (Muraleedharan e Venkobachr, 1990) e *Aspergillus niger* também foi absorvida pelo mecanismo de troca iónica.

Complexação: A remoção do metal da solução pode também ocorrer através da formação de complexos na superfície da célula após a interação entre o metal e os grupos activos. Aksu *et al,*. 1992, levantaram a hipótese de que a biossorção de cobre por C. *vulgaris* e Z. *ramigera* ocorre através da adsorção e da formação de ligações de coordenação entre metais e grupos amino e carboxilo de polissacáridos da parede celular.

Verificou-se que a complexação é o único mecanismo responsável pela acumulação de cálcio, magnésio, cádmio, zinco, cobre e mercúrio por *Pseudomonas syringae*. Os microrganismos podem também produzir ácidos orgânicos (por exemplo, ácidos cítrico, oxálico, gluónico, fumárico, lático e málico), que podem quelar metais tóxicos, resultando na formação de moléculas metalo-orgânicas. Estes ácidos orgânicos contribuem para a solubilização dos compostos metálicos e para a sua lixiviação das superfícies.

Os metais podem ser biossorvidos ou complexados por grupos carboxilo presentes nos polissacáridos microbianos e noutros polímeros.

Precipitação: A precipitação pode ser dependente do metabolismo celular ou independente dele. No primeiro caso, a remoção do metal da solução está frequentemente associada a um sistema de defesa ativo dos microrganismos. Estes reagem na presença de compostos tóxicos produtores de metais, o que favorece o processo de precipitação. No caso da precipitação não dependente do metabolismo celular, esta pode ser uma consequência da interação química entre o metal e a superfície celular. Os vários mecanismos de biossorção acima referidos podem ocorrer em simultâneo.

Utilização de bactérias recombinantes para a remoção de metais: A remoção de metais por adsorventes da água e das águas residuais é fortemente influenciada por parâmetros físico-químicos como a força iónica, o pH e a concentração de compostos orgânicos e inorgânicos concorrentes. As bactérias recombinantes estão a ser investigadas para a remoção de metais específicos da água contaminada. Por exemplo, uma *E.coli* geneticamente modificada, que exprime o sistema de transporte Hg^{2+} e a metalotioneína (um metal

proteína de ligação) foi capaz de acumular seletivamente 8 /lmole $Hg^{2+/}$ g de peso seco da célula. A presença de agentes quelantes Na^+ ,Mg^{2+} e Ca^{2+} não afectou a bioacumulação.

Factores que afectam a biossorção:

A investigação da eficácia da absorção de metais pela biomassa microbiana é essencial para a aplicação industrial da biossorção, uma vez que fornece informações sobre o equilíbrio do processo, necessárias para a conceção do equipamento. A absorção de metais é geralmente medida pelo parâmetro "q", que indica os miligramas de metal acumulados por grama de material biossorvente, e "qH" é indicado em função do metal acumulado, do material sorvente utilizado e das condições de funcionamento.

Os seguintes factores afectam o processo de biossorção:

1. Temperatura: parece não influenciar o desempenho da biossorção na gama de 20-35 CC (Aksu *et al.* 1992)

2. O pH parece ser o parâmetro mais importante no processo de biossorção: afecta a química da solução dos metais, a atividade dos grupos funcionais na biomassa e a competição dos iões metálicos (Friis e Myers-Keith, 1986, Galun *et al.*, 1987)

3. A concentração de biomassa em solução parece influenciar a absorção específica: para valores mais baixos de concentração de biomassa, verifica-se um aumento da absorção específica (Fourest e Roux, 1992; Gadd *et al.* 1988). Gadd *et al.* *(*1988) sugeriram que um aumento da concentração de biomassa conduz a uma interferência entre os sítios de ligação. Fourest e Roux, (1992) invalidaram esta hipótese, atribuindo a responsabilidade da diminuição da absorção específica à escassez de concentração de metal na solução. Por conseguinte, este fator deve ser tido em consideração em qualquer aplicação da biomassa microbiana como biossorvente.

4. Concentração do absorvente A biossorção é utilizada principalmente para tratar águas residuais em que estão presentes mais do que um tipo de iões metálicos; a remoção de um ião metálico pode ser influenciada pela presença de outros iões metálicos. Por exemplo: A absorção de urânio pela biomassa de bactérias, fungos e leveduras não foi afetada pela presença de manganês, cobalto, cobre, cádmio, mercúrio e chumbo em solução (Sakaguchi e Nakajima, 1991). Em contrapartida, verificou-se que a presença de Fe^{2+} e Zn^{2+} influenciava a absorção de urânio por *Rhizopus arrhizus* (Tsezos e Volesky, 1982) e que a absorção de cobalto por diferentes microrganismos parecia ser completamente inibida pela presença de urânio, chumbo, mercúrio e cobre (Sakaguchi e Nakajima, 1991).

5. 3 Aplicação da biossorção no tratamento de águas residuais reais: estudos de caso

Vários autores tentaram aplicar os seus resultados experimentais de biossorção piloto a amostras reais de águas residuais, a fim de passar da experiência para a aplicação no mundo real. Estamos a resumir os protocolos de amostragem de águas residuais, bem como alguns estudos de caso que descrevem a aplicação bem sucedida do processo de biossorção para tratar águas poluídas.

A fim de demonstrar a aplicação prática do processo de biossorção, Vinodhini *et al.*, Vinodhini (2010) efectuaram uma experiência em coluna utilizando serradura *de nim* para tratar amostras de águas residuais de curtumes em bruto recolhidas numa estação de tratamento de efluentes comum na Índia. Os resultados mostraram que uma dose de 20 g de biossorvente foi suficiente para atingir 99% de remoção de crómio de um volume de águas residuais de 1,5 L.

A fim de determinar a eficácia da biomassa de groselha (*Emblica officinalis*) na remoção de iões de cobre de águas residuais reais, Rao e Ikram (2011) recolheram águas residuais de galvanoplastia de uma fábrica local de galvanoplastia na cidade de Aligarh. Os resultados mostraram que foi possível obter 65% de remoção de Cu (II) em modo descontínuo e 97,6% em processo de coluna.

Ay *et al.*, (2012) avaliaram o desempenho potencial da biomassa das cascas de *Punica granatum L.* na remoção de iões de chumbo (II) de amostras reais de águas residuais recolhidas em fábricas de processamento de metais na Turquia. A remoção de iões de chumbo (II) nas condições experimentais óptimas obtidas durante a experiência em lote foi de 98,07%. Foram recolhidas amostras de efluentes de uma empresa de produção química em El-Fayoum-Egito para avaliar a eficiência de quatro biomassas de algas na remoção de iões metálicos de águas residuais Ibrahim (2011). As eficiências das biomassas de *C. mediterranea, G. oblongata, J. rubens* e *P. capillacea* na remoção de iões metálicos variaram entre 57% e 94% a uma dosagem de biomassa de 10 g/L, pH 5 e tempo de contacto de 60 min.

Javaid *et al* (2011) estudaram a utilização potencial da biomassa de *Pleurotus ostreatus* para a remoção de metais pesados de efluentes industriais reais de galvanoplastia. Os resultados revelaram que as eficiências de remoção de um único metal pela biomassa fúngica foram de 46,01, 59,22, 9,1 e 9,4% para Cu (II), Ni (II), Zn (II) e Cr (VI), respetivamente.

Bairagi *et al* (2011) determinaram a eficiência da biomassa *de Aspergillus versicolor* na remoção de chumbo de um sistema real utilizando efluentes de indústrias de baterias localizadas na região norte de Calcutá, na Índia. A percentagem de remoção de chumbo do efluente industrial foi de 86% após o ajuste do pH da solução para 5.

A eficácia do bagaço de cana-de-açúcar na remoção de crómio das águas residuais de curtumes foi avaliada por Ullah *et al* (2013). A este respeito, foi obtida uma amostra de águas residuais de uma fábrica de curtumes local (Kasur, Paquistão). Nas condições óptimas pré-determinadas durante os estudos de biossorção em lote, a remoção máxima de crómio das águas residuais foi de 73%. Os adsorventes naturais, incluindo palha de arroz, casca de arroz, farelo de arroz e raízes de jacinto de água, foram testados quanto à sua capacidade de remoção de iões de cobre de águas residuais de galvanoplastia recolhidas em Calcutá, no oeste da Índia. Em condições óptimas de lote, os resultados indicaram que todos os biossorventes foram eficazes na redução da concentração de iões Cu(II), sendo as raízes de jacinto as mais adequadas Singh e Das (2013).

6. 4 Cascas de *Musa* sapientum (banana) como possível biossorvente para o tratamento de águas

A Musa sapientum (banana) é uma das culturas frutícolas mais populares, cultivada em mais de 130 países, particularmente nas regiões tropicais e subtropicais do mundo. A cultura é efectuada tanto por pequenos como por grandes produtores e a produção mundial anual de banana excede os cem (100) milhões de toneladas (UNCTAD, 2012). Embora a grande maioria (mais de 90%) da produção seja auto-consumida, uma parte no valor de cerca de oito (8) mil milhões de euros é ainda comercializada internamente, o que revela uma taxa de crescimento anual quase constante (CNUCED, 2012).

A casca de *Musa* sapientum (banana), que representa cerca de 40% do peso total da fruta fresca (Anhwange *et al.*, 2008), é geralmente considerada um resíduo. A partir dos registos de produção acima mencionados, é evidente que a indústria produz anualmente mais de 40 milhões de toneladas de cascas *de Musa* sapientum (banana) (a casca representa 40% do peso total de uma banana fresca). A exploração de utilizações alternativas das cascas de *Musa* sapientum (banana) constituiria assim um valor adicional para a indústria.

As cascas de fruta contêm geralmente compostos orgânicos como celulose, hemiceluloses, substâncias de pectina, pigmentos de clorofila e alguns outros compostos de baixo peso molecular. Xiaomin *et al.,* (2007). A substância pectina, um complexo heteropolissacarídeo de sacarídeos que contém ácido galacturénico, arabinose, galactose e ramnese, encontra-se nas cascas de fruta Reddad *et al* (2002). O ácido galacturénico com as funções carboxílicas pode fazer da substância pectina um forte adsorvente de metais em solução aquosa Saeed *et al* (2005). Conforme relatado por Mohapatra *et al.*, (2010), a casca de banana é considerada uma boa fonte de pectina, lenhina, celulose, hemiceluloses e ácido gavacturónico. Além disso, a pectina extraída da casca de banana também contém glucose, galactose, arabinose e xilose. Neste contexto, é razoável sugerir que a casca de banana pode ser um bioadsorvente economicamente viável e ambientalmente correto para a remoção de metais pesados de águas contaminadas.

7. 5 Efeitos dos metais pesados na saúde humana

Os metais pesados são metais individuais e compostos metálicos que podem afetar a saúde humana. Nesta síntese, são abordados oito metais pesados comuns: arsénio, bário, cádmio, crómio, chumbo, mercúrio, selénio e prata. Todas estas substâncias são naturais e estão frequentemente presentes no ambiente em níveis baixos. Em quantidades maiores, podem ser perigosas. Geralmente, os seres humanos são expostos a estes metais por ingestão (beber ou comer) ou inalação (respirar). Trabalhar ou viver perto de uma instalação industrial que utilize estes metais e os seus compostos aumenta o risco de exposição, tal como viver perto de um local onde estes metais tenham sido eliminados de forma incorrecta. Os estilos de vida de subsistência também podem impor maiores riscos de exposição e impactos na saúde devido às actividades de caça e recolha.

Arsénio: Para além de ocorrer naturalmente no ambiente, o arsénio pode ser libertado em grandes quantidades através da atividade vulcânica, da erosão das rochas, dos incêndios florestais e da atividade humana. A indústria de preservação da madeira utiliza cerca de 90% do arsénico industrial nos EUA. O arsénico encontra-se também em tintas, corantes, metais, medicamentos, sabões e semicondutores. As operações de alimentação animal e certos fertilizantes e pesticidas podem libertar grandes quantidades de arsénio para o ambiente, tal como práticas industriais como a fundição de cobre ou chumbo, a exploração mineira e a queima de carvão. Efeitos na saúde O arsénio é inodoro e insípido. O arsénio inorgânico é um conhecido carcinogéneo e pode causar cancro da pele, dos pulmões, do fígado e da bexiga.

- A exposição a níveis mais baixos pode causar náuseas e vómitos, diminuição da produção de glóbulos vermelhos e brancos, ritmo cardíaco anormal, danos nos vasos sanguíneos e uma sensação de "formigueiro" nas mãos e nos pés.

- A ingestão de níveis muito elevados pode provocar a morte.

- A exposição prolongada a baixos níveis pode provocar o escurecimento da pele e o aparecimento de pequenos "calos" ou "verrugas" nas palmas das mãos, plantas dos pés e tronco. Limites regulamentares

- Agência de Proteção Ambiental (EPA) - 0,01 partes por milhão (ppm) na água potável.

- Occupational Safety and Health Administration (OSHA) - 10 microgramas por metro cúbico de ar no local de trabalho (10 tig/ m3) para turnos de 8 horas e semanas de trabalho de 40 horas. O bário é um metal muito abundante e de ocorrência natural e é utilizado para uma variedade de fins industriais. Os compostos de bário, tais como as ligas de bário-níquel, são utilizados em eléctrodos de velas de ignição e em tubos de vácuo como agente de secagem e de remoção de oxigénio; o sulfureto de bário é utilizado em lâmpadas fluorescentes; o sulfato de bário é utilizado em medicina de diagnóstico; o nitrato e o clorato de bário dão aos fogos de artifício uma cor verde. Os compostos de bário são também utilizados em lamas de perfuração, tintas, tijolos, cerâmica, vidro e borracha. Efeitos na saúde Não se sabe se o bário causa cancro.

- A exposição de curta duração pode provocar vómitos, cólicas abdominais, diarreia, dificuldades respiratórias, aumento ou diminuição da pressão arterial, dormência à volta da face e fraqueza muscular.

- A ingestão de grandes quantidades de bário pode provocar tensão arterial elevada, alterações do ritmo cardíaco ou paralisia e, eventualmente, a morte. Limites regulamentares

- EPA - 2,0 partes por milhão (ppm) na água potável.

- OSHA - 0,5 miligramas de compostos de bário solúveis por metro cúbico de ar no local de trabalho para turnos de 8 horas e semana de trabalho de 40 horas.

O cádmio é um metal muito tóxico. Todos os solos e rochas, incluindo o carvão e os fertilizantes minerais, contêm algum cádmio. O cádmio tem muitas utilizações, incluindo baterias, pigmentos, revestimentos metálicos e plásticos. É muito utilizado em galvanoplastia. Efeitos na saúde O cádmio e os compostos de cádmio são conhecidos agentes cancerígenos para o ser humano. Os fumadores são expostos a níveis de cádmio significativamente mais elevados do que os não fumadores. A respiração de níveis elevados de cádmio pode provocar danos graves nos pulmões.

- A ingestão de níveis muito elevados irrita gravemente o estômago, provocando vómitos e diarreia.

- A exposição a longo prazo a níveis mais baixos conduz a uma acumulação nos rins e a possíveis doenças renais, danos nos pulmões e ossos frágeis. Limites regulamentares

- EPA - 5 partes por bilião (ppb) ou 0,005 partes por milhão (ppm) de cádmio na água potável - Food and Drug Administration (FDA) - a concentração na água potável engarrafada não deve exceder 0,005 ppm (5 ppb).

- OSHA - uma média de 5 microgramas por metro cúbico de ar no local de trabalho para um dia de trabalho de 8 horas, semana de trabalho de 40 horas. O crómio encontra-se nas rochas, nos animais, nas plantas e no solo e pode ser líquido, sólido ou gasoso. Os compostos de crómio ligam-se ao solo e não é provável que migrem para as águas subterrâneas, mas são muito persistentes nos sedimentos da água. O crómio é utilizado em ligas metálicas, como o aço inoxidável, em revestimentos protectores de metais (galvanoplastia), em fitas magnéticas e em pigmentos para tintas, cimento, papel, borracha, revestimentos compostos para pavimentos e outros materiais. As suas formas solúveis são utilizadas em conservantes de madeira. Efeitos na saúde Os compostos de crómio (VI) são toxinas e conhecidos carcinogéneos para o homem, enquanto o crómio (III) é um nutriente essencial.

- Respirar níveis elevados pode causar irritação no revestimento do nariz; úlceras nasais; corrimento nasal; e problemas respiratórios, como asma, tosse, falta de ar ou pieira.

- O contacto com a pele pode provocar úlceras cutâneas. Foram registadas reacções alérgicas que consistem em vermelhidão e inchaço graves da pele.

- A exposição prolongada pode afetar os tecidos hepático, renal, circulatório e nervoso, bem como causar irritação cutânea. Limites regulamentares

- EPA- 0,1 ppm (partes por milhão) na água potável.

- FDA - não deve exceder 1 miligrama por litro (1 ppm) na água engarrafada.

-   OSHA - uma média de entre 0,0005 e 1,0 miligrama por metro cúbico de ar no local de trabalho para um dia de trabalho de 8 horas, 40 horas semanais, dependendo do composto. Chumbo Em resultado das actividades humanas, como a queima de combustíveis fósseis, a exploração mineira e o fabrico, o chumbo e os compostos de chumbo podem ser encontrados em todas as partes do nosso ambiente. Isto inclui o ar, o solo e a água. O chumbo é utilizado de muitas formas diferentes. É utilizado para produzir baterias, munições, produtos metálicos como solda e tubos, e dispositivos de proteção contra raios X. O chumbo é um metal altamente tóxico e, em resultado de preocupações relacionadas com a saúde (ver abaixo), a sua utilização em vários produtos como a gasolina, tintas e solda de tubos, foi drasticamente reduzida nos últimos anos. Atualmente, as fontes mais comuns de exposição ao chumbo nos Estados Unidos são as tintas à base de chumbo e, possivelmente, os canos de água em casas antigas, o solo contaminado, o pó doméstico, a água potável, os cristais de chumbo, o chumbo em certos cosméticos e brinquedos e a cerâmica vidrada com chumbo. Efeitos na saúde A EPA determinou que o chumbo é um provável carcinogéneo humano. O chumbo pode afetar todos os órgãos e sistemas do corpo. A exposição a longo prazo de adultos pode resultar numa diminuição do desempenho em alguns testes que medem as funções do sistema nervoso; fraqueza nos dedos, pulsos ou tornozelos; pequenos aumentos da tensão arterial; e anemia.

-   A exposição a níveis elevados de chumbo pode danificar gravemente o cérebro e os rins e, em última análise, causar a morte.

- Em mulheres grávidas, níveis elevados de exposição ao chumbo podem causar aborto espontâneo.

-   A exposição a níveis elevados nos homens pode afetar os órgãos responsáveis pela produção de esperma.

Limites regulamentares

- EPA - 15 partes por bilião (ppb) na água potável, 0,15 microgramas por metro cúbico no ar. O mercúrio combina-se com outros elementos para formar compostos orgânicos e inorgânicos de mercúrio. O mercúrio metálico é utilizado para produzir cloro gasoso e soda cáustica, sendo também utilizado em termómetros, obturações dentárias, interruptores, lâmpadas e pilhas. As centrais eléctricas a carvão são a maior fonte de emissões de mercúrio para a atmosfera causadas pelo homem nos Estados Unidos. O mercúrio no solo e na água é convertido por microorganismos em metilmercúrio, uma toxina bioacumulável. Efeitos na saúde A EPA determinou que o cloreto de mercúrio e o metilmercúrio são possíveis agentes cancerígenos para o ser humano.

- O sistema nervoso é muito sensível a todas as formas de mercúrio.

- A exposição a níveis elevados pode danificar permanentemente o cérebro, os rins e os fetos em desenvolvimento. Os efeitos no funcionamento do cérebro podem resultar em irritabilidade, timidez, tremores, alterações na visão ou audição e problemas de memória.

- A exposição a curto prazo a níveis elevados de vapores de mercúrio metálico pode causar danos nos pulmões, náuseas, vómitos, diarreia, aumento da pressão arterial ou do ritmo cardíaco, erupções cutâneas e irritação ocular. Limites regulamentares

- EPA - 2 partes por bilião de partes (ppb) na água potável

- FDA - 1 parte de metil mercúrio num milhão de partes de marisco.

- OSHA - 0,1 miligrama de mercúrio orgânico por metro cúbico de ar no local de trabalho e 0,05 miligramas por metro cúbico de vapor de mercúrio metálico para turnos de 8 horas e semana de trabalho de 40 horas. O selénio é um mineral vestigial amplamente distribuído na maioria das rochas e solos. O selénio processado é utilizado na indústria eletrónica; como suplemento nutricional; na indústria vidreira; em plásticos, tintas, esmaltes, tintas de impressão e borracha; na preparação de produtos farmacêuticos; como aditivo nutricional para rações de aves de capoeira e gado; em formulações de pesticidas; na produção de borracha; como ingrediente de champôs anti-caspa; e como constituinte de fungicidas. O selénio radioativo é utilizado na medicina de diagnóstico. Efeitos na saúde O selénio é tóxico em grandes quantidades, mas são necessárias quantidades vestigiais para a função celular na maioria dos animais, se não em todos. Para os humanos, o selénio é um nutriente vestigial essencial. Por exemplo, o selénio desempenha um papel no funcionamento elementar da glândula tiroide. O nível superior de ingestão tolerável é de 400 microgramas de selénio por dia. O consumo acima desse nível pode levar à selenose (ver abaixo).

- A exposição oral a curto prazo a concentrações elevadas pode causar náuseas, vómitos e diarreia.

- A exposição oral crónica a concentrações elevadas pode produzir selenose. Os principais sinais de selenose são a queda de cabelo, a fragilidade das unhas e anomalias neurológicas.

- Exposições breves a níveis elevados no ar podem resultar em irritação do trato respiratório, bronquite, dificuldade em respirar e dores de estômago. A exposição prolongada pode causar irritação das vias respiratórias, espasmos brônquicos e tosse. Limites regulamentares

- EPA - 50 partes por bilião de selénio (50 ppb) na água potável.

- OSHA - 0,2 mg por metro cúbico de ar da sala de trabalho para um turno de trabalho de 8 horas. A prata combina-se normalmente com outros elementos, como o sulfureto, o cloreto e o nitrato. A prata é utilizada no fabrico de jóias, artigos de prata, equipamento eletrónico e obturações dentárias. A prata metálica também é utilizada em contactos e condutores eléctricos, em ligas de brasagem e soldas, e em espelhos. Os compostos de prata são utilizados na película fotográfica. As soluções diluídas de nitrato de prata e de outros compostos de prata são utilizadas como desinfectantes e como agente antibacteriano. O iodeto de prata tem sido utilizado em tentativas de semear nuvens para produzir chuva. Efeitos na saúde De acordo com a EPA, a prata não pode ser classificada como um agente cancerígeno para o ser humano.

Efeitos na saúde

- A exposição a níveis elevados durante um longo período pode resultar numa doença chamada argiria, uma descoloração azul-acinzentada da pele e de outros tecidos do corpo. A argiria parece ser um problema cosmético que pode não ser prejudicial para a saúde.

- A exposição a níveis elevados de prata no ar tem resultado em problemas respiratórios, irritação dos pulmões e da garganta e dores de estômago.

- O contacto da pele com a prata pode causar reacções alérgicas ligeiras, tais como erupções cutâneas, inchaço e inflamação em algumas pessoas. Limites regulamentares

- EPA - recomenda que a concentração na água potável não exceda 0,10 partes por bilião (ppb). Exige que os derrames ou libertações acidentais de 1.000 libras ou mais sejam comunicados.

- OSHA - no ar do local de trabalho, 0,01 miligramas por metro cúbico (0,01 mg/m^3)

para um dia de trabalho de 8 horas, 40 horas de trabalho semanal. A bioacumulação é a acumulação de substâncias ou produtos químicos num organismo. Há um pequeno número de plantas que absorvem facilmente níveis elevados de metais do solo circundante. São as chamadas hiperacumuladoras. Se estas plantas forem colhidas para uso humano, pode ocorrer a exposição a níveis nocivos de metais. Normalmente, esta situação só é preocupante se as plantas forem colhidas em zonas com elevadas concentrações de metais no solo. A absorção de metais pelas plantas depende da acidez do solo (pH). Quanto mais elevada for a acidez, mais solúveis e móveis se tornam os metais e maior é a probabilidade de serem absorvidos e acumulados nas plantas. Em geral, é mais provável que os seres humanos sejam expostos à contaminação por metais a partir do solo que adere às plantas do que a partir da bioacumulação. Isto deve-se ao facto de ser muito difícil lavar todas as partículas de solo dos materiais vegetais antes de os preparar e ingerir. As culturas de raízes (como as batatas e as cenouras), os vegetais de folha (como os espinafres e as alfaces) e as partes de plantas que crescem junto ao solo (como os morangos) apresentam um maior risco de exposição à contaminação por metais do que as partes mais altas das plantas, como os frutos ou as bagas.

Plantas stressadas podem ser um sinal de contaminação por metais. Procure alterações invulgares na coloração ou no padrão de crescimento das plantas como um indicador de um ambiente de crescimento stressante (como a seca) combinado com elevadas concentrações de metais no solo. Este tipo de condições torna mais provável que as plantas estejam a bioacumular (ou a absorver) metais. As deficiências na planta (como um baixo nível de zinco) também podem influenciar a probabilidade de uma planta acumular metais. Os animais também podem acumular metais ao comerem plantas, peixes ou beberem água com concentrações elevadas de metais. Estes metais não são excretados pelos animais; em vez disso, acumulam-se sobretudo nos órgãos, bem como na pele, no pelo e nos ossos. Os peixes acumulam metais da água em que vivem, bem como dos organismos que comem.

Os peixes de fundo são particularmente susceptíveis à bioacumulação de metais, uma vez que podem ingerir sedimentos impregnados de metais. Para obter conselhos sobre o consumo de peixe, visite este sítio Web, http://www.epa.gov/waterscience/fish/ As algas marinhas acumulam metais da água circundante, bem como dos sedimentos em que crescem. Para além de ingerir metais através dos alimentos, existem várias formas de estar exposto à contaminação por metais através da utilização de plantas. Estas incluem:

- inalação de contaminantes provenientes da queima de materiais vegetais (como a mancha),

- inalação de contaminantes provenientes de materiais vegetais fumados (como o tabaco ou a erva daninha),

- volatilização (transformação em gás) de contaminantes em materiais vegetais em áreas fechadas (como pousadas de suor ou áreas de trabalho),

- ingestão, inalação ou contacto com a pele de trabalhos manuais com plantas, e

- utilização diária de plantas como tónicos para promover a saúde (como o ginseng ou a salva)

Metal	Bioaccumulation risk	Special considerations
Arsenic	Generally not absorbed or limited to roots. Fish and shellfish can accumulate arsenic. Fish consumption advisories: http://www.epa.gov/waterscience/fish/	Toxic to plants at levels not harmful to humans and animals. Be primarily concerned with roots or contamination from soil on lower portion of plant
Barium	Rarely accumulated in plants, but accumulates in certain plants, seaweed, and fish.	Readily accumulated in brazil nuts
Cadmium	Fish, plants and animals bio-accumulate. Examples: liver, kidney, meat, mushrooms, shellfish, mussels, cocoa powder and dried seaweed. Fish consumption advisories: http://www.epa.gov/waterscience/fish/	Be primarily concerned with roots or contamination from soil on lower portion of plant (dust). Under certain conditions (high soil levels plus plant stress) can accumulate to levels harmful to humans. Rice plants are particularly vulnerable.
Chromium	High potential for uptake by aquatic life, especially bottom-feeders. Fish consumption advisories: http://www.epa.gov/waterscience/fish/ Possible uptake by plants.	Be primarily concerned with roots.
Lead	Generally not absorbed or limited to roots.	Be primarily concerned with roots and contaminated soil adhering to lower portion of plant. Without phosphates, lead can move from roots to plant tissues.
Mercury	Plants tie up mercury in a form that is not readily bioavailable to animals and humans. Mercury bioaccumulates in fish, shellfish and animals eating fish. Fish consumption advisories: http://www.epa.gov/waterscience/fish/	Greatest risks are from contaminated soil particles on plants or from using contaminated plants in sweat lodges where metals may volatilize into the air. The older and larger the fish are, the more methylmercury they may contain.
Selenium	Biocaccumulates readily; Indicator plants for high selenium concentrations in soils are: milkvetch or locoweed (Astragalus), prince's plume (Stanleya), woody aster (Xylorhiza, sp.) and false goldenweed (Oonopsis, sp.) These plants require high selenium levels to thrive. High concentrations are found in kidney, tuna, crab and lobster. Fish consumption advisories: http://www.epa.gov/waterscience/fish/	Plants under certain conditions (for example high soil concentrations of selenium plus drought) can accumulate higher levels, potentially harmful to humans.

Silver	May be absorbed at low concentrations, but usually does not enter the shoots of plants at levels that would be harmful to people.

CAPÍTULO 3

MATERIAIS E MÉTODO

3.1 Área de estudo

O estudo foi efectuado com efluentes da B-Lux paint limited. A B-Lux Paints Nigeria Limited está situada em Umuahia North, no estado de Abia. Fabrica tintas de emulsão e tintas brilhantes. Umuahia é a capital do estado de Abia, no sudeste da Nigéria. Umuahia está localizada nas coordenadas de 5.5250° N, 7.4922° E, sua temperatura varia de 24°C a 39°C. Tem uma precipitação máxima de 380 mm, com uma velocidade do vento de 3 mph a 6,2 mph e uma humidade de 52% a 75%.

3.2 Recolha e identificação de amostras de biossorventes

As cascas de *Musa sapientum* (banana) da amostra de ensaio foram recolhidas e selecionadas em caixotes de lixo da Universidade de Agricultura Michael Okpara. A amostra recolhida foi identificada no Forestry Department College of Natural Resources and Environmental Management, Michael Okpara University of Agriculture Umudike.

3.3 Preparação da amostra

As cascas foram levadas para o laboratório de química do Departamento de Química da Faculdade de Ciências Físicas e Aplicadas da Universidade de Agricultura Michael Okpara de Umudike, onde foi efectuada a preparação da amostra e todas as outras análises.

No laboratório, a amostra foi espalhada na bancada de trabalho e inspeccionada para detetar materiais estranhos, como larvas de insectos. Em seguida, a amostra foi lavada e cortada em pedaços para aumentar a área de superfície e facilitar a secagem. Em seguida, os pedaços de amostra foram secos em estufa a 100° C durante 72 horas e moídos a seco até à forma de pó, seguido de peneiração através de um crivo de 0,63 a 1,6 mm.

A amostra fina resultante foi recolhida e mergulhada numa solução diluída de ácido nítrico (2%) durante 24 horas, filtrada e lavada repetidamente em água destilada e seca na estufa a 60° C. Em seguida, a amostra foi lavada novamente em solução de hidrogenotrioxocarbonato de sódio (iv) a 1% para remover qualquer ácido remanescente e, em seguida, a amostra foi

A amostra lavada foi novamente lavada com água destilada até se obter um pH de 6. Em seguida, a amostra lavada foi seca a 60° C durante 5 horas e armazenada para análise.

3.4 Recolha de efluentes e análise de metais pesados

A amostra foi recolhida no ponto de descarga de águas residuais da empresa B-Lux Paint limited, situada em Umuokpara Umuahia North, Estado da Nigéria. A amostra de água foi recolhida abaixo da superfície, utilizando um frasco esterilizado de um litro, com tampa. O recipiente foi lavado com a água a amostrar, antes da recolha da amostra. Foram deixados espaços de ar suficientes em todos os frascos para permitir a expansão da água a uma temperatura mais elevada. A garrafa de amostragem foi utilizada diretamente, segurando-a horizontalmente e deixando a água fluir suavemente. O frasco foi tapado, etiquetado e transportado para o laboratório de química do Departamento de Química da Faculdade de Ciências Físicas e Aplicadas da Universidade de Agricultura Michael Okpara de Umudike, para análise.

A amostra de água foi bem misturada por agitação e 50 ml foram transferidos para um copo de vidro de 250 ml, tendo sido adicionados 5 ml de HNO3 concentrado. A amostra de água acidificada foi aquecida até à ebulição numa placa de aquecimento e o aquecimento foi continuado até que o volume da água se reduzisse a cerca de 20 ml. Adicionou-se 5 ml de HNO3 concentrado e o volume de água foi reduzido para 10 ml. Deixou-se arrefecer a água e, em seguida, transferiu-se quantitativamente para um balão volumétrico de 100 ml e completou-se o volume do balão com água destilada desionizada. A solução de amostra de água resultante foi dividida em duas porções, uma porção destas soluções foi transferida para um frasco de amostra e rotulada para análise de determinação de metais pesados, mas a segunda porção foi mantida como solução de reserva para análise de adsorção. Os metais vestigiais Zn, Cd, Pb, As e Hg nas soluções foram determinados pelo espetrofotómetro de adsorção atómica Perkin Elmer modelo 238.

3.5 Procedimento de bioadsorção com casca de banana

A experiência de bioadsorção com a amostra processada foi realizada para investigar os efeitos paramétricos da dose de adsorvente, do pH e da temperatura na adsorção/remoção do ião zinco, do ião mercúrio, do ião arsénio, do ião cádmio e do ião chumbo da água contaminada. Foram retirados 50 ml de solução de amostra de água e colocados num erlenmeyer de 100 ml com tampa de tripé, tendo sido adicionadas quantidades específicas de amostra de ensaio (0,1 g, 0,3 g, 0,5 g e 0,7 g, respetivamente) separadamente aos 50 ml de amostra de água. A mistura foi agitada durante uma hora a 30° C e pH de 6,0. A solução resultante foi filtrada através de papel de filtro de membrana de 0,45^m. O mesmo procedimento foi repetido a temperaturas de 40° C, 50° C e 60° C, e pH de 5.0, 7.0 e 8.0.

A quantidade de iões metálicos na fase aquosa será determinada por um Espectrofotómetro de Adsorção Atómica Perkin Elmer modelo 238.

O procedimento foi novamente repetido utilizando carvão ativado como adsorvente, e o resultado foi utilizado como controlo.

3.6 Análise estatística

Os resultados obtidos foram submetidos a uma análise estatística de ANOVA utilizando o software SAS (Statistical Analytical System), IBM SPSS statistic 20

CAPÍTULO 4

RESULTADOS E DISCUSSÃO

4.1 Rastreio de metais pesados

A Tabela 4.1 apresenta os resultados da quantidade de metais pesados rastreados no efluente industrial estudado. A partir da tabela, pode observar-se que não havia vestígios de mercúrio e arsénio no efluente. No entanto, descobriu-se que o efluente continha $1,12 \pm 0,22$ mg/l de Pb^{2+} , $0,42 \pm 0,05$ mg/l de Zn^{2+} e $0,87 \pm 0,23$ mg/l de Cd^{2+} .

Tabela 4.1: Resultados do rastreio de metais pesados do efluente

Heavy metals	Amount dictated	WHO Maximum Permissible limit
$Pb^{2+}(mg/l^{-1})$	1.21±1.00	0.1
Zn^{2+} (mg/l^{-1})	0.42 ± 1.00	1.0
Cd^{2+} (mg/l^{-1})	0.87 ± 1.00	0.01
Hg	-	
As	-	

Com estes resultados, o efluente está poluído em relação ao pb^{2+} e ao Cd^{2+} mas não está poluído em relação ao Zn^{2+} . Esta conclusão foi tirada da comparação da quantidade de iões metálicos encontrados no efluente estudado com os limites admissíveis de iões de metais pesados da OMS/EPA em efluentes industriais. O limite permitido para o pb^{2+} é de $0,1mgl^{-1}$, o Zn^{2+} é de $0,1$-$5mgl^{-1}$, e o Cd^{2+} $0,01mgL^{-1}$. WHO/EPA (2013). Comparando estes valores com os observados nos resultados dos ensaios, verifica-se que o efluente está poluído com pb^{2+} e Cd^{2+} . Uma vez que este efluente contaminado com metais pesados (poluído) é continuamente descarregado no ambiente, resultará definitivamente na poluição do solo e, se o efluente acabar na massa de água, conduzirá à poluição da água, pondo assim em perigo as vidas aquáticas e terrestres nos arredores. Ramash e Damodhram (2016). Por conseguinte, torna-se necessário tratar os efluentes antes da descarga Usua *et al* (2012) Morruson *et al.,* (2000).

4.2 Remoção de metais pesados

Os resultados da remoção de metais pesados do efluente tratado são apresentados na tabela 2. As observações dos resultados revelam que a amostra de ensaio de cascas *de Musa sapientum* removeu ou reduziu eficazmente o teor de metais pesados no efluente contaminado estudado. A amostra de ensaio (cascas de *Musa sapientum*) removeu os iões de metais pesados mais do que o carvão ativado, que foi utilizado como padrão de controlo/referência. Isto pode ser observado em todos os parâmetros variados no custo do estudo.

Efeito da dose de absorvente

Tabela 4.2: O efeito da dose de adsorvente na percentagem de remoção de pb com cascas *de Musa sapientum*

Adsorbent dose	Concentration before treatment (C_o)	Concentration after treatment (C_1)	C_o-C_1	% Rem
0.1g	1.21 ±1.00mg/l	0.003873 mg/l	1.2061mg/l	99.68%
0.3g	1.21 ±1.00mg/l	0.002057 mg/l	1.2079 mg/l	99.83%
0.5g	1.21 ±1.00mg/l	0.00121 mg/l	1.2088 mg/l	99.90%
0.7g	1.21 ±1.00mg/l	0.003993 mg/l	1.2060 mg/l	99.67%

Tabela 4.3: Efeito da dose de adsorvente na percentagem de remoção de Pb com carvão ativado

Adsorbent dose	Concentration before treatment (C_o)	Concentration after treatment (C_1)	C_o-C_1	% Rem
0.1g	1.21 ±1.00mg/l	0.3267mg/l	0.8833mg/l	73.00%
0.3g	1.21 ±1.00mg/l	0.3146mg/l	0.8954mg/l	74.00%
0.5g	1.21 ±1.00mg/l	0.2057mg/l	.0043mg/l	83.00%
0.7g	1.21 ±1.00mg/l	0.3678mg/l	0.8422mg/l	69.60%

Os resultados da quantidade de pb^{2+} removida do afluente ou adsorvida pelos adsorventes (M. S e carvão ativado) são apresentados nas tabelas 2 e 3. A partir dos resultados pode-se observar que a percentagem de remoção de pb^{2+} pelas cascas de *Musa sapientum* varia de 99,67 a 99,90, enquanto que no carvão ativado varia de 69,6% a 83,00%. As observações das tabelas 2 e 3 mostram que a percentagem de remoção do ião metálico Pb^{2+} aumentou à medida que a dose de absorvente aumentou de 0,1g para 0,5g. Sugere-se que este facto resulte do aumento dos sítios de absorção ou de ligação à medida que a área de superfície do absorvente aumenta. Jayavathana *et al.*, (2016) No entanto, verifica-se uma diminuição da percentagem de remoção à medida que a dose de absorvente aumenta de 0,5g para 0,7g. Este comportamento foi observado tanto nas cascas de *Musa sapienum* observadas como no carvão ativado.

Tabela 4.4: Efeito da dose de adsorvente na remoção percentual de Cd com cascas de *Musa sapientum*

Adsorbent dose	Concentration before treatment (C_0)	Concentration after treatment (C_1)	C_0-C_1	% Rem
0.1g	0.87 ±1.00mg/l	0.035mg/l	0.835mg/l	95.98%
0.3g	0.87 ±1.00mg/l	0.032mg/l	0.838mg/l	96.29%
0.5g	0.87 ±1.00mg/l	0.025mg/l	0.845mg/l	97.14%
0.7g	0.87 ±1.00mg/l	0.029mg/l	0.841mg/l	96.64%

Tabela 4.5: Efeito da dose de adsorvente na percentagem de remoção de Cd com carvão ativado

Adsorbent dose	Concentration before treatment (C_0)	Concentration after treatment (C_1)	C_0-C_1	% Rem
0.1g	0.87 ±1.00mg/l	0.2949mg/l	0.5751mg/l	66.105%
0.3g	0.87 ±1.00mg/l	0.1392mg/l	0.7308mg/l	84.00%
0.5g	0.87 ±1.00mg/l	0.1218mg/l	0.7482mg/l	86.00%
0.7g	0.87 ±1.00mg/l	0.1054mg/l	0.609mg/l	70.00%

As tabelas 4.4 e 4.5 contêm os resultados da percentagem de remoção de Cd^{2+} pela *Musa sapientum* e pelo controlo (carvão ativado). A partir dos resultados, pode observar-se que a percentagem de remoção de Cd^{2+} pelas cascas de *Musa sapentum* varia entre 95,98 e 97,14 na dose de adsorvente estudada, enquanto o carvão ativado varia entre 66,10 e 86,00. Os efeitos da dose de adsorvente da *Musa sapientum* e do carvão ativado são observados nas tabelas 4.4 e 4.5.

Pode observar-se que a percentagem de remoção em *Musa sapientum* e carvão ativado (controlo) aumentou à medida que a dosagem aumentou de 0,1g para 0,5g, mas diminuiu à medida que a dosagem aumentou de 0,5g para 0,7g.

Tabela 4.6: Efeito da dose de adsorvente na remoção percentual de Zn com cascas de Musa sapientum

Adsorbent dose	Concentration before treatment (C_o)	Concentration after treatment (C_1)	C_o-C_1	% Rem
0.1g	0.42± 1.00mg/l	0.0210± 1.00mg/l	0.3990mg/l	95.01%
0.3g	0.42± 1.00mg/l	0.0182±1.00 mg/l	0.4018mg/l	95.66%
0.5g	0.42± 1.00mg/l	0.0163± 1.00mg/l	0.4037mg/l	96.11%
0.7g	0.42± 1.00mg/l	0.0215± 1.00mg/l	0.3985mg/l	94.89%

Tabela 4.7: Efeito da dose de adsorvente na percentagem de remoção de Zn com carvão ativado

Adsorbent dose	Concentration before treatment (C_o)	Concentration after treatment (C_1)	C_o-C_1	% Rem
0.1g	0.42 ± 1.00mg/l	0.1168± 1.00mg/l	0.3032mg/l	72.20%
0.3g	0.42 ±1.00mg/l	0.0780± 1.00mg/l	0.3410mg/l	81.20%
0.5g	0.42 ± 1.00mg/l	0.0689± 1.00mg/l	0.3511mg/l	83.60%
0.7g	0.42 ± 1.00mg/l	0.1054± 1.00mg/l	0.3146mg/l	74.90%

As tabelas 4.6 e 4.7 contêm os resultados da remoção de zn^{2+} do efluente. Um estudo ou a comparação das duas tabelas mostra que, mais uma vez, a amostra de teste *Musa sapientum* removeu o ião metálico Zn^{2+} mais do que o controlo e estudos adicionais nas tabelas revelam o efeito da dose de adsorvente na remoção percentual dos metais pesados por *Musa sapientum* e carvão ativado, mostrando que ambos os adsorventes se comportaram da mesma forma no que diz respeito ao efeito da dosagem.

Efeito do pH

Quadro 4.8: Efeito do pH na percentagem de remoção de Pb com cascas *de Musa sapientum*

pH	Concentration before treatment (C_o)	Concentration after treatment (C_1)	C_o-C_1	% Rem
5.0	1.21 ±1.00mg/l	0.00121mg/l	1.2088mg/l	99.90%
6.0	1.21 ±1.00mg/l	0.00121mg/l	1.2088mg/l	99.90%
7.0	1.21 ±1.00mg/l	0.001089mg/l	1.2089mg/l	99.91%
8.0	1.21 ±1.00mg/l	0.000968mg/l	1.2090mg/l	99.92%

Tabela 4.9: Efeito do pH na percentagem de remoção de Pb com carvão ativado

pH	Concentration before treatment (C_o)	Concentration after treatment (C_1)	C_o-C_1	% Rem
5.0	1.21 ±1.00 mg/l	0.2070 mg/l	1.0030 mg/l	82.89%
6.0	1.21 ±1.00 mg/l	0.2057 mg/l	1.0043 mg/l	83.00%
7.0	1.21 ±1.00 mg/l	0.1980 mg/l	1.0120 mg/l	83.64%
8.0	1.21 ±1.00 mg/l	0.1938 mg/l	1.0162 mg/l	83.98%

Quadro 4.10: Efeito do pH na percentagem de remoção de Cd com cascas de *Musa sapientum*

pH	Concentration before treatment (C_o)	Concentration after treatment (C_1)	C_o-C_1	% Rem
5.0	0.87±1.00 mg/l	0.0249mg/l	0.8451 mg/l	97.14%
6.0	0.87±1.00 mg/l	0.0249mg/l	0.8451mg/l	97.14%
7.0	0.87±1.00 mg/l	0.00948mg/l	0.8605 mg/l	98.91%
8.0	0.87±1.00 mg/l	0.00870mg/l	0.8613 mg/l	99.00%

Tabela 4.11: Efeito do pH na percentagem de remoção de Cd com carvão ativado

pH	Concentration before treatment (C_o)	Concentration after treatment (C_1)	C_o-C_1	% Rem
5.0	0.87 ±1.00mg/l	0.1371mg/l	0.7329mg/l	84.24%
6.0	0.87 ±1.00mg/l	0.1218mg/l	0.7482mg/l	86.00%
7.0	0.87 ±1.00mg/l	0.1113mg/l	0.7587mg/l	87.21%
8.0	0.87 ±1.00mg/l	0.1044mg/l	0.7656mg/l	88.00%

Quadro 4.12: Efeito do pH na remoção percentual de Zn com cascas de *Musa sapientum*

pH	Concentration before treatment (C_o)	Concentration after treatment (C_1)	C_o-C_1	% Rem
5.0	0.42±1.00mg/l	0.0167mg/l	0.4033mg/l	96.03%
6.0	0.42±1.00mg/l	0.0163mg/l	0.4037mg/l	96.11%
7.0	0.42±1.00mg/l	0.0134mg/l	0.4066mg/l	96.81%
8.0	0.42±1.00mg/l	0.0135mg/l	0.4065mg/l	96.79%

Quadro 4.13: Efeito do pH na percentagem de remoção de Zn com carvão ativado

pH	Concentration before treatment (C_o)	Concentration after treatment (C_1)	C_o-C_1	% Rem
5.0	0.42±1.00mg/l	0.0705mg/l	0.3495mg/l	83.22%
6.0	0.42±1.00mg/l	0.0689mg/l	0.3511mg/l	83.60%
7.0	0.42±1.00mg/l	0.0650mg/l	0.3550mg/l	84.52%
8.0	0.42±1.00mg/l	0.0630mg/l	0.3570mg/l	84.99%

As tabelas 4.8 a 4.13 contêm os resultados do efeito do pH na remoção de iões de metais pesados pelo adsorvente de teste estudado. Foi realizado um estudo do efeito das experiências de pH na gama de pH de 5-8 para pb^{2+}, Zn^{2+} e Cd^{2+} com o adsorvente *Musa sapientum* e o carvão ativado de controlo. As observações das tabelas 8 a 13 mostram que a remoção de iões metálicos aumentou com o aumento do pH inicial da solução de iões metálicos e que o valor máximo foi atingido a pH 8 para pb^{2+}, Zn^{2+} e Cd^{2+}. O aumento da percentagem de remoção/adsorção à medida que a solução se torna mais alcalina deve-se ao aumento dos catiões que ajudam a adsorção.

Efeito da temperatura

Tabela 4.14: Efeito da temperatura na percentagem de remoção de Pb com cascas de Musa sapientum

Temp.	Concentration before treatment (C_o)	Concentration after treatment (C_1)	C_o-C_1	% Rem
303K	1.21±1.00 mg/l	0.00872 mg/l	1.2061 mg/l	99.68%
313K	1.21±1.00mg/l	0.00872 mg/l	1.2061 mg/l	99.68%
323K	1.21±1.00mg/l	0.00872 mg/l	1.2061 mg/l	99.68%
333K	1.12±1.00mg/l	0.0120 mg/l	1.1980 mg/l	99.01%

Tabela 4.15: Efeito da temperatura na percentagem de remoção de Pb com carvão ativado

Temp.	Concentration before treatment (C_o)	Concentration after treatment (C_1)	C_o-C_1	% Rem
303K	1.21 ±1.00 mg/l	0.2057 mg/l	1.0043 mg/l	83.00%
313K	1.21 ±1.00 mg/l	0.1908 mg/l	1.0192 mg/l	84.23%
323K	1.21 ±1.00 mg/l	0.1817 mg/l	1.0283 mg/l	84.98%
333K	1.21 ±1.00 mg/l	0.1842 mg/l	1.0258 mg/l	84.78%

Tabela 4.16: Efeito da temperatura na percentagem de remoção de Cd com cascas *de Musa sapientum*

Temp.	Concentration before treatment (C_o)	Concentration after treatment (C_1)	C_o-C_1	% Rem
303K	0.87±1.00 mg/l	0.0249 mg/l	0.8451 mg/l	97.14%
313K	0.87±1.000 mg/l	0.0257 mg/l	0.8443 mg/l	97.05%
323K	0.87±1.00 mg/l	0.0208 mg/l	0.8692 mg/l	97.61%
333K	0.87±1.00 mg/l	0.0215 mg/l	0.8484 mg/l	97.52%

Tabela 4.17: Efeito da temperatura na percentagem de remoção de Cd com carvão ativado

Temp.	Concentration before treatment (C_o)	Concentration after treatment (C_1)	C_o-C_1	% Rem
303K	0.87±1.00 mg/l	0.1218 mg/l	0.7482 mg/l	86.00%
313K	0.87±1.00 mg/l	0.1171 mg/l	0.7529 mg/l	86.54%
323K	0.87±1.00 mg/l	0.1130 mg/l	0.7570 mg/l	87.01%
333K	0.87±1.00 mg/l	0.1138 mg/l	0.7562 mg/l	86.92%

Tabela 4.18: Efeito da temperatura na percentagem de remoção de Zn com cascas de *Musa sapientum*

Temp.	Concentration before treatment (C_o)	Concentration after treatment (C_1)	C_o-C_1	% Rem
303K	0.42±1.00mg/l	0.0164mg/l	0.4037mg/l	96.11%
313K	0.42±1.00mg/l	0.0146mg/l	0.4054mg/l	96.52%
323K	0.42±1.00mg/l	0.0127mg/l	0.4073mg/l	96.98%
333K	0.42±1.00mg/l	0.0198mg/l	0.4002mg/l	95.29%

Tabela 4.19:Efeito da temperatura na percentagem de remoção de Zn com carvão ativado

Temp.	Concentration before treatment (C_o)	Concentration after treatment (C_1)	C_o-C_1	% Rem
303K	0.42±1.00mg/l	0.0689mg/l	0.3511mg/l	83.60%
313K	0.42±1.00mg/l	0.0672mg/l	0.3528mg/l	84.01%
323K	0.42±1.00mg/l	0.0654mg/l	0.3546mg/l	84.43%
333K	0.42±1.00mg/l	0.0672mg/l	0.3528mg/l	86.00%

Os efeitos da temperatura na percentagem de remoção de iões de metais pesados pelo absorvente estudado são apresentados nas tabelas 4.14 a 4.19. A biossorção/remoção de iões de metais pesados foi realizada a diferentes temperaturas, tais como 303k, 313k, 323k e 333k, enquanto os outros parâmetros foram mantidos constantes. Os resultados mostram que a percentagem de remoção/biossorção aumenta com o aumento da temperatura de 303k para 323k nos dois biossorventes testados, as cascas de *Musa sapientum* e o carvão ativado de controlo. À medida que a temperatura aumenta, a taxa de difusão do adsorvato através da camada limite externa e nos poros internos das partículas de adsorvato, uma vez que a viscosidade do líquido diminui com o aumento da temperatura, resultando numa maior adsorção das moléculas de absorvato na superfície do adsorvente. Hossain *et al.*, (2012) Karthikeyan (2007). Por outro lado, à medida que a temperatura aumenta de 323k para 333k, regista-se uma diminuição da percentagem de remoção ou da taxa de absorção. Isto pode ser atribuído ao aumento da temperatura, que aumenta a energia cinética dos iões metálicos e, assim, enfraquece as forças de atração entre os iões metálicos e o adsorvente Anuear *et al.*, (2010).

4.3 Justificação do objetivo e conclusões

O primeiro objetivo do trabalho foi determinar a concentração de metais pesados no efluente industrial testado. Para o efeito, procedeu-se ao rastreio da presença de metais pesados no afluente, cujos resultados são apresentados na tabela 4.1. Os resultados revelaram os iões de metais pesados presentes no efluente de ensaio nas suas várias concentrações.

O segundo objetivo era determinar os efeitos da casca de banana na remoção de metais pesados do efluente industrial. Os resultados do estudo apresentados nas tabelas 4.2 a 4.19 justificam a extensão da remoção de iões de metais pesados de efluentes contaminados por cascas de banana. Em todos os resultados, as cascas de banana apresentaram uma percentagem de remoção superior a 90%, o que sugere que se trata de uma excelente solução ecológica e sustentável para a remoção de iões de metais pesados de efluentes industriais contaminados.

CAPÍTULO 5

CONCLUSÃO

Dos resultados do estudo pode concluir-se que o efluente industrial da indústria de tintas B- lux contém iões de metais pesados como o ião chumbo II, o ião cádmio II e o ião zinco II em concentrações de 1,21mg/l, 0,42mg/l e 0,87mg/l, respetivamente. O efluente está poluído no que diz respeito ao Pb^{2+} e ao Cd^{2+} mas não está poluído no que diz respeito ao Zn^{2+} quando os valores das concentrações de iões de metais pesados são comparados com o limite permitido pela OMS/EPA para efluentes industriais.

A percentagem de remoção dos iões pesados chumbo II, cádmio II e zinco II do efluente pelo biossorvente testado (casca de banana) situou-se entre 99,67% e 99,90, 95,98% e 97,14% e 94.89% a 96,11%, respetivamente, mas a percentagem de remoção de iões de metais pesados pelo controlo de ensaio (carvão ativado) varia entre 69,605 e 83,00% para Pb^{2+} , 66,10% e 86,00% para Cd^{2+} e 72,20% e 83,60% para Zn^{2+} . Assim, o resíduo agrícola (cascas de *Musa sapientum*) estudado removeu eficazmente os iões de metais pesados do efluente contaminado mais do que o controlo (carvão ativado) e a percentagem de remoção de iões de metais pesados do efluente contaminado pela amostra de teste aumentou com o aumento da temperatura, do pH e da dose de adsorvente.

5.1 RECOMENDAÇÃO

A partir dos resultados deste estudo, são feitas as seguintes recomendações

i. O Ministério do Ambiente deve associar-se ao governo (legislativo) para aprovar um projeto de lei que imponha o tratamento obrigatório dos efluentes industriais antes da sua descarga no ambiente.
ii. As indústrias transformadoras devem ser encorajadas a utilizar adsorventes de baixo custo provenientes de resíduos agrícolas para tratar os seus efluentes
iii. Devem ser incentivadas mais investigações sobre a conversão de resíduos agrícolas em produtos de maior valor acrescentado

REFERÊNCIAS

Abd-Alla MH, Morsy FM, El-Enany A-WE, Ohyama T. (2012) Isolamento e caraterização de um isolado resistente a metais pesados de Rhizobium leguminosarum bv. viciae potencialmente aplicável à biossorção de Cd^{2+} e Co^{2+} Int Biodeterior Biodegradation; 67:48-55.

Abdel -Aty AM, Ammar NS, Abdel Ghafar HH, Ali RK. (2013) Biossorção de cádmio e chumbo de solução aquosa por biomassa de alga de água doce Anabaena sphaerica. *J Adv Res*;4:367-74.

Abu Hasan H, Abdullah SRS, Kofli NT, Kamarudin SK. 2012) Isotherm equilibria of Mn^{2+} biosorption in drinking water treatment by locally isolated Bacillus species and sewage activated sludge. *J Environ Manage*;111:34-43.

Ahmady-Asbchin S, Tabaraki R, Jafari N, Allahverdi A, Azhdehakoshpour A. (2013) Estudo da biossorção de níquel e cobre em algas castanhas Sargassum angustifolium: aplicação da metodologia de superfície de resposta (RSM). *Environ Technol*; 34:2423-2431.

Ahmaruzzaman M., (2011) Industrial wastes as low-cost potential adsorbents for the treatment of wastewater laden with heavy metals. *Adv Colloid Interface Sci* 20 11; 166:36-59.

Akgul R, Kizilkaya B, Akgul F, Dogan F. (2012) Biossorção de iões de metais pesados de soluções aquosas por biomassa não viva de Scenedesmus quadricauda. *Fresenius Environ Bull*; 10:2922-2928.

Aloma I, Martm-Lara M a., Rodriguez IL, Blazquez G, Calero M. (2012), Remoção de iões de níquel (II) de soluções aquosas por biossorção em bagaço de cana-de-açúcar. *J Taiwan Inst Chem Eng*;43:275.81

Anuear, J. Shafeque U., Zaman W., Salman M., Dar A. e Anuea S. (2010) Remoção de ph II e Cd II da água por adsorção em cascas de banana. Bioresource Technology 101: 1752-1755.

Areco MM, Saleh-Medina L, Trinelli MA, Marco-Brown JL, Dos Santos Afonso M. (2013) Adsorção de Cu(II), Zn(II), Cd(II) e Pb(II) por biomassa de Avena fatua morta e o efeito destes metais no seu crescimento. *Colloids Surf B Biointerfaces*;110C:305-112.

Ay CO, Ozcan a S, Erdo6an Y, Ozcan A. (2012) Caracterização das cascas de Punica granatum L. e determinação quantitativa do seu comportamento de biossorção em relação a iões de chumbo (II) e Acid Blue 40. *Colloids Surf B Biointerfaces*; 100: 197-204.

Bairagi H, Khan MMR, Ray L, Guha AK. (2011) Perfil de adsorção de chumbo em Aspergillus versicolor: uma sondagem mecanicista. *J Hazard Mater*; 186:756.64.

Bayo J. (2012) Estudos cinéticos para a biossorção de Cd(II) de efluentes urbanos tratados por biomassa de toranja nativa (Citrus paradisi L.): O efeito competitivo de Pb(II), Cu(II) e Ni(II). *Chem Eng J;* 191:278.87.

Bulgariu D, Bulgariu L. (2012) Estudos de equilíbrio e cinética da biossorção de iões de metais pesados em biomassa de resíduos de algas verdes. Bioresour Technol; 103:489-493.

Calero M, Blazquez G, Dionisio-Ruiz E, Ronda A, Martm-Lara MA. (2013) Avaliação da biossorção de iões de cobre na casca do pinhão. *Desalin Water Treat;* 51:2411.22.

Cayllahua JEB, Torem ML. (2010), Biosorção de iões de alumínio em Rhodococcus opacus a partir de águas residuais. *Chem Eng J*; 161:1.8.

Chakravarty R, Khan MMR, Das AR, Guha AK. (2013) Remoção biossortiva de crómio por casca de Lathyrus sativus: Avaliação do mecanismo de ligação, estudo cinético e de equilíbrio. Eng Life Sci; 13:312-322.

Chatterjee SK, Bhattacharjee I, Chandra G. (2010) Biosorção de metais pesados de águas residuais industriais por Geobacillus thermodenitrificans. *J Hazard Mater*; 175:117-25.

Children at the end of the leaded petrol Era abridged report (2009) Disponível em linhahttp//www.anglogold.com/subwobs/informationforinvestors/reports 09/AnnualReport09/F/AGAABRIDGED09 pdf (acedido em 30 de dezembro de 2015).

Chong HLH, Chia PS, Ahmad MN. (2013), A adsorção de metais pesados pela casca da palmeira de óleo de Bornéu e a sua potencial aplicação como meio de construção de zonas húmidas. Bioresour Technol; 130:181-186.

Qolak F, Atar N, Yazycyo6lu D, Olgun A. (2011) Biosorção de chumbo de soluções aquosas por estirpes de Bacillus com resistência a metais pesados. *Chem Eng J*; 173:422-428.

Darge, A. e Mane S.B. (2015) Tratamento de águas residuais industriais através da utilização de cascas de banana e escamas de peixe, International Journal of Science and Research 4(7): 600-604.

Davila-Guzman NE, de Jesus Cerino-Cordova F, Soto-Regalado E, Rangel-Mendez JR, D^az-Flores PE, Garza-Gonzalez MT,. (2013) Biossorção de cobre por café moído gasto: Equilíbrio, Cinética e Mecanismo. *CLEAN. Solo, Ar, Água*; 41:557.64.

Davis T a, Volesky B, Mucci A. (2003) A review of the biochemistry of heavy metal biosorption by brown algae. *Water Res*; 37:4311.30.

Demirbas A. (2008), Heavy metal adsorption onto agro-based waste materials: a review. *J Hazard Mater*; 157:220-229.

Ding Y, Jing D, Gong H, Zhou L, Yang X. (2012), Biosorção de cádmio aquático (II) por palha de arroz não modificada. *Bioresour Technol*; 114:20.

El-Shafey EI. (2010) Remoção de Zn(II) e Hg(II) de uma solução aquosa num adsorvente carbonoso preparado quimicamente a partir de casca de arroz. *J Hazard Mater*; 175:319-27.

EPA, (2013) Regulamentos Nacionais Primários para a Água Potável: Lista de contaminantes e seus níveis máximos de contaminantes (MCLs). atualizado em junho. 2013

Plano de Diretrizes de Efluentes da EPA 2016. Publicado em 27 de junho de 2016.

Farhan AM, Al-Dujaili AH, Awwad AM. (2013) Estudos de equilíbrio e cinética da biossorção de iões cádmio (II) e chumbo (II) em folhas de Ficus carcia. *Int J Ind Chem*; 4:24.

Flores-Garnica JG, Morales-Barrera L, Pineda-Camacho G, Cristiani-Urbina E. (2013) Biosorção de Ni(II) de soluções aquosas por sementes de Litchi chinensis. Bioresource Technol; 136C:635-643.

Flouty R, Estephane G. (2012) Bioacumulação e biossorção de cobre e chumbo por uma alga unicelular Chlamydomonas reinhardtii em sistemas de metal único e binário: um estudo comparativo. *J Environ Manage*; 111:106-114.

Gandhimathi R, Ramesh ST, Arun VM, Nidheesh PV. (2013) Biosorção de iões Cu(II) e Zn(II) de uma solução aquosa por jacinto de água (Eichhornia crassipes), *Int J Environ Waste Manag*;11 :365-386.

Ghaedi M, Hajati S, Karimi F, Barazesh B, Ghezelbash G. (2013) Equilíbrio, cinética e isotérmica de alguma biossorção de iões metálicos. *J Ind Eng Chem*; 19:987.92.

Gonzalez Bermudez Y, Rodriguez Rico IL, Guibal E, Calero de Hoces M, Martm- Lara MA. (2012) Biossorção de crómio hexavalente de solução aquosa por alga castanha Sargassum muticum. Aplicação de desenho estatístico para otimização do processo. *Chem Eng J*; 183:68-76.

Guo W, Chen R, Liu Y, Meng M, Meng X, Hu Z, (2013), Preparação de sílica mesoporosa impressa com iões SBA-15 funcionalizada com triglicina para adsorção selectiva de Co (II). Colloids Surfaces A Physicochem *Eng Asp*; 436:693-703.

Gupta VK, Rastogi A, Nayak A. (2010) Biossorção de níquel em algas tratadas (Oedogonium hatei): Application of isotherm and kinetic models. *J Colloid Interface Sci*; 342:533-539.

Hossain M a, Ngo HH, Guo WS, Setiadi T. (2012), Adsorção e dessorção de iões de cobre (II) em relva de jardim. Bio-resource Technol; 121:386-395.

Ibrahim WM. (2011) Biossorção de iões de metais pesados de uma solução aquosa por macroalgas vermelhas. *J Hazard Mater*; 192:1827.35.

Iqbal M, Saeed A, Edyvean RGJ. (2013), Bio-remoção de antimónio (III) de águas contaminadas utilizando vários resíduos de plantas: Otimização das condições de fluxo dinâmico e em lote para sorção por casca de feijão verde (Vigna radiata). *Chem Eng J*; 225:192-201.

Jaqauathaua, S., Shanth, S. Vashantha R. (2016) Utilização de material de resíduos agrícolas como potencial adsorvente para a remoção de iões CuII e Ni II. Da fase aquosa, indiano de avanço em ciências químicas. Vol. 4 (3) 346-354.

Javaid A, Bajwa R, Shafique U, Anwar J. (2011) Remoção de metais pesados por adsorção em Pleurotus ostreatus. Biomassa e Bioenergia; 35:1675-82.

Joo J-H, Hassan SH a., Oh S-E. (2010) Estudo comparativo da biossorção de Zn^{2+} por Pseudomonas aeruginosa e Bacillus cereus. *Int Biodeterior Biodegradation*; 64:734-741.

Kapoor a., Viraraghavan T. (1995) Fungal biosorption .an alternative treatment option for heavy metal bearing wastewaters: a review. Bioresour Technol; 53:195-206.

Kautukeyan, S., Balasutramanian R. e Iyer C.S.P. (2007) Avaliação das algas marinhas Ulva fasciath e sargassum sp para a biossorção de Cu II de uma solução aquosa. Bio-resource Technology 98:452-455.

Kelly-Vargas K, Cerro-Lopez M, Reyna-Tellez S, Bandala ER, Sanchez-Salas J.L. (2012), Biosorção de metais pesados em águas poluídas, utilizando diferentes resíduos de córtex de frutas. Phys Chem Earth, Parts A/B/C; 37-39:26-29.

Kizilkaya B, Akgul R, Turker G. (2013) Utilização na remoção de iões Cd(II) e Pb(II) de soluções aquosas utilizando algas não vivas Rivularia bulata. J Dispers Sci Technol; 34:1257-1264.

Kleinubing SJ, da Silva E A, da Silva MGC, Guibal E. (2011) Equilíbrio da biossorção de Cu(II) e Ni(II) pela alga marinha Sargassum filipendula num sistema dinâmico: competitividade e seletividade. *Bioresour Technol*; 102:4610-4617.

Kylyg M, Kyrbyyyk C, Qepelio6ullar O, Putun A.E. (2013), Adsorção de iões de metais pesados de soluções aquosas por bio-char, um subproduto da pirólise. *Appl Surf Sci*; 283:856-62.

Kyzylkaya B, Do6an F, Akgul R, Turker G. (2012) Biossorção de iões Co(II), Cr(III), Cd(II), e Pb(II) de solução aquosa usando Neochloris Pseudoalveolaris Deason & Bold não vivo: Equilíbrio, Termodinâmica, e estudo cinético. *J Dispers Sci Technol*; 33:1055.65.

Lee Y-C, Chang S-P. (2011) A biossorção de metais pesados de uma solução aquosa por macroalgas filamentosas Spirogyra e Cladophora. *Bioresour Technol*; 102:5297-5304.

Li Q, Liu Y, Cao X. (2012) Caraterísticas de biossorção de urânio (VI) de solução aquosa por casca de pummelo:67.73.

Lopez-Mesas M, Navarrete ER, Carrillo F, Palet C. (2011) Bioseparação de Pb(II) e Cd(II) de uma solução aquosa utilizando biomassa de resíduos de cortiça. Modelação e otimização dos parâmetros da etapa de biossorção.*Chem Eng J*; 174:917.

Luo J, Xiao X, Luo S-L. (2010) Biossorção de cádmio (II) de soluções aquosas pelo fungo industrial Rhizopus cohnii. Trans Nonferrous Met Soc China; 20:1104.11.

Martins AE, Pereira MS, Jorgetto AO, Martines M a. U, Silva RIV,Saeki MJ, (2013), A superfície reativa do pó da folha de mamona [Ricinus communis L.] como um adsorvente verde para a remoção de metais pesados da água natural do rio. Appl Surf Sci 2013.

Meena AK, Kadirvelu K, Mishraa GK, Rajagopal C, Nagar P.N., (2008), Adsorção de iões metálicos Pb(II) e Cd(II) de soluções aquosas por casca de mostarda. *J Hazard Mater*; 150:619-25.

Mornison G., Fatoki, O., Linder S. e Lundehn C. (2004) Determinação das concentrações de metais pesados e das impressões digitais de metais nas lamas de depuração de Pounce, na África do Sul, por ICP-MS e LA-ICP-MS Water Air Soil pollution: 152-111-127

Munagapati VS, Yarramuthi V, Nadavala SK, Alla SR, Abburi K. (2010) Biosorção de Cu (II), Cd (II) e Pb (II) pelo pó de casca de Acacia leucocephala: Cinética, equilíbrio e termodinâmica. *Chem Eng J*; 157:357365.

Oktem YA. (2013) Remoção de cobre de soluções aquosas usando macro alga (Ulva lactuca): Estudos de equilíbrio e cinética. Asian J Chem, 25(8):4211-4214

Oscillatoria sp. *WIT TRANS ECOL ENVIR.* 167:333-340.

Pahlavanzadeh H, Keshtkar a R, Safdari J, Abadi Z. (2010) Biossorção de níquel(II) de uma solução aquosa por algas castanhas: estudos de equilíbrio, dinâmicos e termodinâmicos. *J Hazard Mater*; 175:304.10.

Pang C, Liu Y-H, Cao X-H, Li M, Huang G-L, Hua R, (2011), Biosorção de urânio (VI) de solução aquosa por biomassa fúngica morta de Penicillium citrinum. *Chem Eng J*; 170:1.6.

Pimentel AR, Pino GH, Torem ML, Silva LM, Santos ID. (2013) Remoção de iões de cobalto e manganês de soluções aquosas por estirpe gram positiva. European Metallurgical Conference (EMC); 359-372.

Puyen ZM, Villagrasa E, Maldonado J, Diestra E, Esteve I, Sole A. (2012) Biosorção de chumbo e cobre por Micrococcus luteus DE2008 tolerante a metais pesados. *Bioresour Technol*; 126:233-237.

Quan H, Bai H, Han Y, Kang Y, Sun J. (2013) Remoção de Cu(II) e Fe(III) de soluções aquosas por bactérias redutoras de sulfato mortas. Front Chem Sci Eng; 7:177-184.

Ramakul P, Yanachawakul Y, Leepipatpiboon N, Sunsandee N. (2012) Biossorção de paládio(II) e platina(IV) de uma solução aquosa utilizando tanino da biomassa foliar de amêndoa indiana (Terminalia catappa L.): Estudos cinéticos e de equilíbrio. *Chem Eng J*; 193-194:102.11.

Ramesh, P., Damodhram R. (2016) Determinação de metais pesados em águas residuais industriais da região de Thrupati Andhra Cd 10, U, que 2013 Pradesh 5 (5) Revista Internacional de Ciência e Pesquisa.

Rao RAK, Ikram S. (2011) Estudos de sorção de Cu (II) em frutos de groselha (emblica officinalis) e sua remoção de águas residuais de galvanoplastia. *Dessalinização*; 277:390-398.

Rathinam A, Maharshi B, Janardhanan SK, Jonnalagadda RR, Nair BU. Biossorção do ião metálico cádmio de águas residuais simuladas utilizando biomassa de Hypnea valentiae: um estudo cinético e termodinâmico. *Bioresour Technol*; 101:1466-1470.

Reddy DHK, Ramana DKV, Seshaiah K, Reddy a. VR. Biosorção de Ni (II) da fase aquosa pela casca de Moringa oleifera, um biossorvente de baixo custo. *Desalination*; 268:150-157.

Rodriguez-Tirado V, Green-Ruiz C, Gomez-Gil B. (2012) Biossorção de Cu e Pb pela estirpe U3 de Bacillus thioparans em solução aquosa: Estudos cinéticos e de equilíbrio. *Chem Eng J* ; 181-182:352-359.

Romera E, Gonzalez F, Ballester a, Blazquez ML, Munoz J a. (2007) Estudo comparativo da biossorção de metais pesados utilizando diferentes tipos de algas. *Bioresour Technol*; 98:3344.53.

Saha R, Mukherjee K, Saha I, Ghosh A, Ghosh SK, Saha B. (2013) Remoção de crómio hexavalente da água por adsorção na casca de mosambi (Citrus limetta). Res Chem Intermed: 1.13.

Saha R, Saha B. (2013) Remoção de crómio hexavalente de águas contaminadas por adsorção utilizando folhas de manga (Mangifera indica), *Desalin Water Treat* doi: 10.1080/19443994.2013.804458

Sary A, Uluozlu OD, Tuzen M. (2011), Equilíbrio, investigações termodinâmicas e cinéticas sobre a biossorção de arsénio de uma solução aquosa por biomassa de algas (Maugeotia genuflexa). *Chem Eng J;* 167:155-561.

Serencam H, Ozdes D, Duran C, Tufekci M. (2013) Propriedades de biossorção de

Morus alba L. para remoção de iões Cd (II) de soluções aquosas, Environ Monit Assess 185: 6003-6011.

Singh D. (2012) Remoção de cobre (II) de uma solução aquosa por meio de

Subbaiah MV, Vijaya Y, Reddy a. S, Yuvaraja G, Krishnaiah a. (2011) Estudos de equilíbrio, cinéticos e termodinâmicos sobre a biossorção de Cu(II) em

Biomassa de Trametes versicolor. *Dessalinização*; 276:310.6.

Torab-Mostaedi M, Asadollahzadeh M, Hemmati A, Khosravi A. (2013), Estudos de equilíbrio, cinética e termodinâmica para biossorção de cádmio e níquel em casca de toranja. J *Taiwan Inst Chem Eng*; 44:295.302.

Tunali Akar S, Arslan S, Alp T, Arslan D, Akar T. (2012), Potencial de biossorção do biomaterial residual obtido de Cucumis melo para a remoção de iões Pb^{2+} de meios aquosos: Equilíbrio, cinética, termodinâmica e análise de mecanismo. Chem *Eng J*; 185-186:82-90.

Usha, D. e Uckram R. (2012) Avaliação da poluição por metais vestigiais da água e dos sedimentos do rio Gadilam (Cuddalore, costa sudeste da Índia, que recebe efluentes da indústria açucareira continental Journal Environmental Science 6(3) 824.

Velmurugan N, Hwang G, Sathishkumar M, Choi TK, Lee K-J, Oh B-T, (2010) Isolamento, identificação, isotérmicas de biossorção de Pb (II) e cinética de um Penicillium sp. MRF-1 adsorvente de chumbo do solo de uma mina sul-coreana. *J Environ Sci*; 22:1049-1056.

Veneu DM, Pino GAH, Torem ML, Saint.Pierre TD. (2012) Remoção biossortiva de cádmio de soluções aquosas utilizando uma cepa de Streptomyces lunalinharesii. *Miner Eng*; 29:112-120.

Veneu DM, Torem ML, Pino G a. H. (2013) Aspectos fundamentais da remoção de cobre e zinco de soluções aquosas utilizando uma estirpe de Streptomyces lunalinharesii. *Miner Eng*; 48:44-50.

Vilar VJP, Valle J a. B, Bhatnagar A, Santos JC, Guelli U. de Souza SM a., de Souza AAU,. (2012) Insights sobre a biossorção de crómio trivalente em algas castanhas protonadas Pelvetia canaliculata: Distribuição das espécies iónicas de crómio nos locais de ligação. Chem Eng J; 200-202:140.8.

Vinodhini V, Das N, Vinodhini V, Das N. (2010), Abordagem relevante para avaliar o desempenho da serradura como adsorvente de iões de crómio (VI) de soluções aquosas. *Int J Environ Sci Technol*; 7:85-92.

Wan Ngah WS, Hanafiah M K.M. (2008), Removal of heavy metal ions from wastewater by chemically modified plant wastes as adsorbents: a review. *Bioresour Technol*; 99:3935-3948.

Wang T, Sun H. (2013) Biossorção de metais pesados de uma solução aquosa por Bacillus subtilis mutante de UV Environ Sci Pollut Res Int.; 20:7450-7463.

Witek-Krowiak A, Szafran RG, Modelski S. (2011) Biossorção de metais pesados de soluções aquosas em casca de amendoim como um biossorvente de baixo custo. *Dessalinização*; 265:126-134.

Witek-Krowiak A. (2012) Análise da biossorção dependente da temperatura de iões Cu^{2+} em cascas de girassol: Cinética, equilíbrio e mecanismo do processo. *Chem Eng J*; 192:13.20.

Xiao X, Luo S, Zeng G, Wei W, Wan Y, Chen L, (2010) Biossorção de cádmio pelo fungo endofítico (EF) Microsphaeropsis sp. LSE10 isolado do hiperacumulador de cádmio Solanum nigrum L. *Bioresour Technol* ;101:1668-1674.

Xu M, Yin P, Liu X, Dong X, Yang Y, Wang Z, Qu R. (2013) Otimização dos parâmetros de biossorção de Hg(II) de soluções aquosas pelas cascas de trigo sarraceno utilizando a metodologia de superfície de resposta, Desalin Water Treat; 51:45464555.

Printed by Books on Demand GmbH, Norderstedt / Germany